普通高等学校“十四五”规划BIM技术应用新形态教材
1+X建筑信息模型（BIM）职业技能等级证书考核培训教材

建筑信息模型（BIM）教程

专业技能融通“岗课赛证”

苏登信　李殷龙◎主　编
曾　娟　王　强　李茂尧　程代兵◎副主编
李秋虹　唐　辉　曹让铃◎参　编

立体化教材，配备多种**数字资源**
采用**新标准**、**新技术**、**新工艺**、**新案例**

http://press.hust.edu.cn
中国·武汉

内容简介

本书从 BIM 算量、施工场布、BIM5D 三个模块出发，分别对三款软件在实际工程和证书考试中的常用功能进行讲授。本书主要内容包括设计概算、施工图预算、施工过程结算、竣工决算、场地布置、5D 施工管理、模拟建造等。为便于学生理解和实现知识的灵活运用，本书章节配有工程案例，并设计有活页式康奈尔笔记系统。

本书可作为高等职业院校土建类教材，可作为“1＋X”建筑信息模型（BIM）职业技能等级证书中级（或高级）考试的培训教材，也可作为相关工程技术人员自学 BIM 技术软件的参考书籍。

图书在版编目(CIP)数据

建筑信息模型(BIM)教程：专业技能融通“岗课赛证”/苏登信，李殷龙主编. —武汉：华中科技大学出版社，2023.6

ISBN 978-7-5680-9719-2

Ⅰ. ①建…　Ⅱ. ①苏…　②李…　Ⅲ. ①建筑设计-计算机辅助设计-应用软件-职业技能-鉴定-教材
Ⅳ. ①TU201.4

中国国家版本馆 CIP 数据核字(2023)第 117394 号

建筑信息模型(BIM)教程——专业技能融通“岗课赛证”　　苏登信　李殷龙　主编
Jianzhu Xinxi Moxing (BIM) Jiaocheng——Zhuanye Jineng Rongtong “Gang Ke Sai Zheng”

策划编辑：胡天金
责任编辑：周怡露
封面设计：金　刚
责任监印：朱　玢
出版发行：华中科技大学出版社(中国·武汉)　　电话：(027)81321913
　　　　　武汉市东湖新技术开发区华工科技园　　邮编：430223
录　　排：华中科技大学惠友文印中心
印　　刷：武汉科源印刷设计有限公司
开　　本：787mm×1092mm　1/16
印　　张：8.5
字　　数：209 千字
版　　次：2023 年 6 月第 1 版第 1 次印刷
定　　价：49.80 元

前 言

建筑业是国民经济支柱产业，建筑信息化是建筑业发展战略的重要组成部分，增强建筑业信息化发展能力，优化建筑业信息化发展环境，促进信息技术与建筑业发展深度融合，充分发挥信息化的引领和支撑作用，以智能建造与新型建筑工业化协同发展为动力，塑造建筑业新业态，推进建筑工业化、数字化、智能化升级，实施建造方式绿色转型，提质增效，推动建筑业高质量发展，加速建筑业由大向强转变，具有重大的历史意义。

在工程实践中，加快推进 BIM(building information model，建筑信息模型)技术在新型建筑工业化全寿命期的一体化集成应用，充分利用社会资源，共同建立、维护基于 BIM 技术的标准化部品部件库，实现设计、采购、生产、建造、交付、运行维护等阶段的信息互联互通和交互共享，推进 BIM 报建审批和施工图 BIM 审图模式，推进与城市信息模型(CIM，city information model)平台的融通联动，提高信息化监管能力，提高建筑行业全产业链资源配置效率，具有重大的工程实践意义。

本书是在《国家职业教育改革实施方案》《关于在院校实施“学历证书＋若干职业技能等级证书”制度试点方案》出台背景下，基于建筑信息模型职业技能岗位能力、专业水平、学生竞赛与职业等级证书考试等，编写的具有职业特点的“岗课赛证”融通活页式教材。本书内容组织打破了传统的知识框架，将三维模型建立、工程量计算、施工组织 5D 控制、施工场布等利用 BIM 软件，采用“项目贯穿法”将建设管理内容贯穿全书，精准落实项目任务，服务“信息化教材”课程改革。

本书旨在打造一本适应性强、质量高的教材，符合新时代职业教育改革新需求，对标行业高端产业，升级原有课程体系，岗课赛证综合育人。本书以学生为中心，通过产教融合、校企合作，提高教学参与度，提升教学深度和课堂活力，可作为高等职业院校土建类教学用书。

本书由苏登信、李殷龙担任主编，曾娟、王强、李茂尧、程代兵担任副主编，李秋虹、唐辉、曹让铃(企业)担任参编。全书分三个模块，具体编写分工如下：本书由南充职业技术学院苏登信教授负责统筹体系编排、内容确定、任务分配等工作。模块一“BIM 算量”的 1.1～1.5 节实操内容由曾娟负责编写，习题和 1.6 节“综合练习”由程代兵负责编写；模块二“施工场布”2.1～2.4 节由苏登信负责编写，2.5～2.8 节由李茂尧负责编写；模块三“BIM5D”3.1～3.7 节正文实操内容由李殷龙负责编写，习题和 3.8 节“综合练习”由王强负责编写；李秋虹、唐辉、曹让铃(企业)负责所有模块 CAD 图纸、BIM 模型、清单定额的建模、收集和汇总工作。

本书在编写过程中得到了很多领导和老师的支持，他们对本书编写提出了宝贵意见，并且提供了技术支持，在此一并表示感谢！

限于编者水平，书中难免有不足之处，恳请广大读者批评、指正！

编 者

2023 年 4 月

目　录

模块一　BIM 算量

1.1　BIM 算量介绍

BIM 算量，是基于 Auto CAD 平台，将土建与钢筋合二为一的新一代工程计量软件。软件通过识别设计院电子文档和手工三维建模两种方式，把设计蓝图转化为面向工程量及套价计算的图形构件对象，整体考虑各类构件之间的扣减关系，非常直观地解决了工程造价人员在招投标过程中的算量、过程提量，结算阶段土建工程量计算、钢筋工程量计算中的各类问题，把工程造价人员从繁重的手工算量中解放出来，大幅度提高了建设工程量计算的工作效率和精度。软件底层采用国际领先的 CAD 平台，独创 RCAD 导入技术，让工程模块化快速导入，并利用 SPM 识别技术，通过数据库进行大数据类比分析，以达到图纸识别的全面性与准确性。

1.1.1　BIM 算量应用领域

BIM 算量应用于建筑造价领域，主要是土建钢筋部分，还包含建筑全过程中其他涉及算量的部分，如设计概算、施工图预算、施工过程结算、竣工决算等，使用主体为预算员。

BIM 算量旨在使 BIM 建模轻量化，国家《建筑工程信息模型应用统一标准》《建筑信息模型设计交付标准》(GB 51301—2018)、《建筑信息模型分类和编码标准》(GB/T 51269—2017)等标准出台后，配合行业和地方指导性标准，可实现标准化建模，使得下游施工、BIM5D 等业务模块更加清晰，操作更加高效灵活，最终形成建模、算量、套价的一键智能算量。

1.1.2　BIM 算量的主要功能描述

(1)工程设置：对工程的基本信息，如楼层信息、砼(混凝土，因本书软件中使用“砼”，为便于使用，并未全部修改)等级等进行全局设置。

(2)智能布置土方、梁、板、柱及钢筋构件，快速进行墙门窗建模、零星节点、二次结构、楼梯、装饰建模。

(3)CAD 转化：采用独有的 RCAD 识别技术，图纸识别率业内领先，可快速、准确地识别 CAD 电子文档，图形、文字、表格等都可以识别，极大地提高建模效率。

(4)三维显示：三维立体漫游可视化，模型可编辑并同步关联到工程量的计算结果中，快捷、直观、方便。

(5)工程量计算：提供所有构件的详细公式，便于在对结果有疑义时进行详细的过程查询。

(6)云检查:在计算之前对工程进行一次“体检”,提前发现工程中不合理的地方,防止提交计算结果之后才发现错误,无法挽回。

(7)报表:提供可编辑功能,便于自由调整结果报表形式,可根据不同甲方的要求,出具不同的表格形式。

(8)BIM 应用:如净高分析、碰撞检测、洞梁间距等,可以让咨询单位快速介入 BIM 过程。

(9)BIM 模型的导入、导出:可以与当下 BIM 最流行的建模软件 Revit 互导,让 BIM 算量更加简单,同时,还可以将算量模型导出用于公司其他 BIM 类软件,让模型得到充分利用,可以为后期的脚手架模板设计软件以及 5D 管理等使用。

笔 记 页	
提示(Cues)	笔记(Notes)
总结(Summary)	

笔　记　页	
提示(Cues)	笔记(Notes)
总结(Summary)	

1.2 新建工程

1.2.1 任务背景

BIM 算量是一种应用于建筑全生命周期的数据化工具,通过对模型的信息化整合,保障模型的精确度,为各方建设主体提供协同工作的基础,在提高生产效率、节约成本和缩短工期方面发挥重要作用。

1.2.2 任务目标

①新建工程,创建工程的文件夹位置,填入文件名,进行保存,即完成工程信息的录入。

②打开工程,将项目另存至存储位置,然后关闭软件并打开项目文件包。

1.2.3 任务实施

(1)新建。

功能说明:打开软件通过新建向导,创建一个新的工程。

操作步骤如下。

步骤 1:启动 BIM 算量程序后,就会弹出如图 1-1 所示的对话框,点击“新建工程”。

图 1-1

步骤 2:执行“工程”菜单栏中的“新建工程”命令。

步骤 3:在前两步中的任意一步执行后可以看到如图 1-2 所示的对话框,可以选择创建工程的文件夹位置,并填入文件名。点击“保存”按钮,完成工程创建。

图 1-2

温馨提示

不要覆盖原有工程(除非需要),在覆盖时会有提示(图 1-3)。

步骤 4:根据项目信息选择计价模板(图 1-4)。

图 1-3　　　　图 1-4

(2)打开工程。

功能说明:打开一个已有工程。

操作步骤如下。

步骤 1:启动品茗 BIM 算量程序后,就会弹出对话框,点击“打开工程”(图 1-5),或双击最近工程下的工程名称。

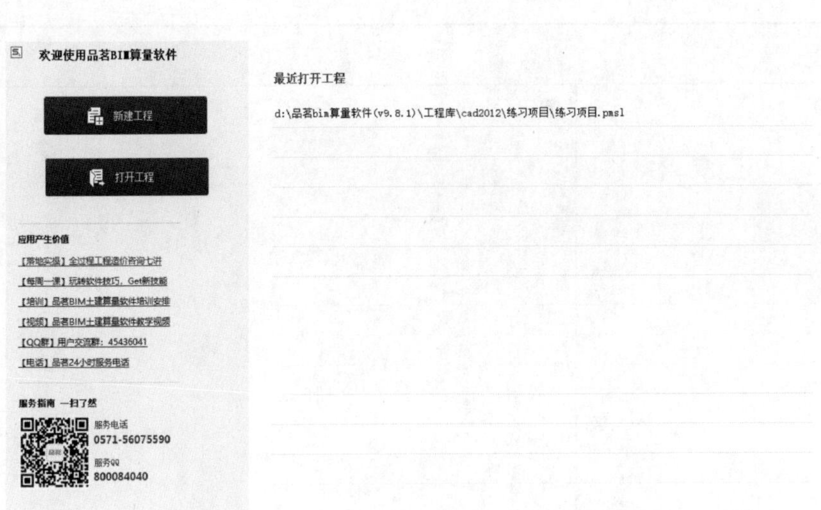

图 1-5

步骤 2：执行“工程”菜单栏中的“打开工程”命令。

步骤 3：在前两步中的任意一步执行后可以看到，对话框在这里可以选择工程位置，找到并选中文件，单击“打开”按钮（图 1-6），或者直接双击工程文件打开工程。

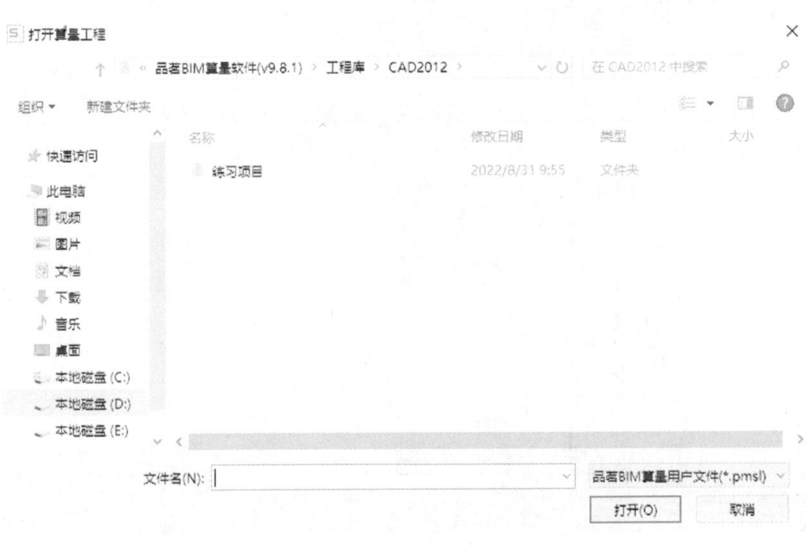

图 1-6

1.2.4　小节习题

①新建工程包括哪些信息？如何选取计价模板？

②新建工程如何进行替换、删除？

③如何对新建工程另存至其他指定存储位置？

④根据练习案例，新建一个项目，并命名为“练习工程”，拟定项目基本信息并保存。

笔　记　页	
提示(Cues)	笔记(Notes)
总结(Summary)	

1.3　工程设置

1.3.1　任务背景

模型的精细程度是 BIM 算量发挥作用的基础，工程项目应遵循严格的建模规则来建立符合项目实际的建筑信息模型，避免出现构件重合、错位等，建模要以统计工程量为准，考虑计价规范，保证建模精度。

1.3.2　任务目标

根据实际项目填写工程名称，选择各省对应的计算规则、清单定额库，钢筋规则最新为 16 系平法规则。

1.3.3　任务实施

1. 工程信息(图 1-7)

(1)工程名称：软件默认新建工程时输入的工程名称，如有必要可以修改。

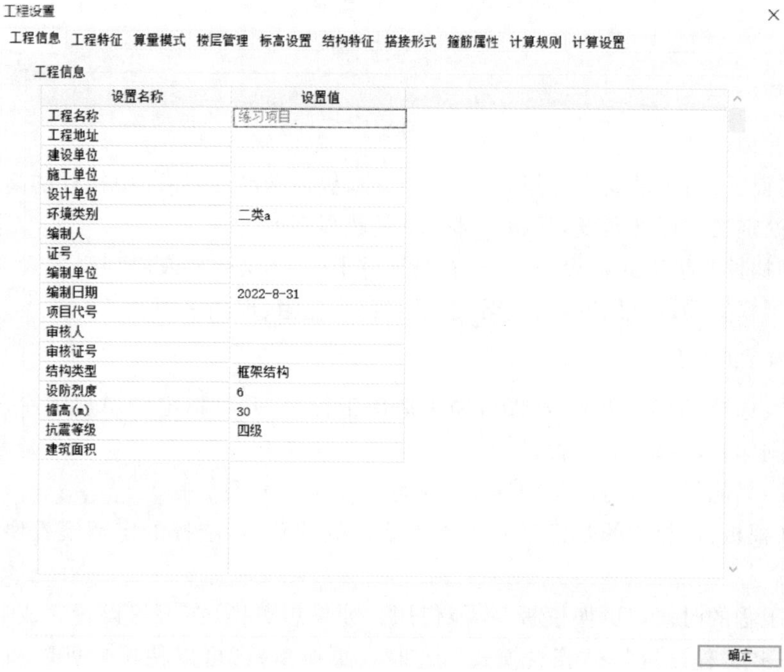

工程设置

工程信息　工程特征　算量模式　楼层管理　标高设置　结构特征　搭接形式　箍筋属性　计算规则　计算设置

工程信息

设置名称	设置值
工程名称	练习项目
工程地址	
建设单位	
施工单位	
设计单位	
环境类别	二类a
编制人	
证号	
编制单位	
编制日期	2022-8-31
项目代号	
审核人	
审核证号	
结构类型	框架结构
设防烈度	6
檐高(m)	30
抗震等级	四级
建筑面积	

确定

图 1-7

(2)结构类型：选择与实际工程一致的结构类型。

(3)设防烈度：根据设计要求选择。

(4)檐高:根据设计檐高输入。

(5)抗震等级:根据设计要求选择。

2. 工程特征(图 1-8)

(1)主要用于土方与材料的全局设置,前四项为土方的设置,后面是材料的设置。

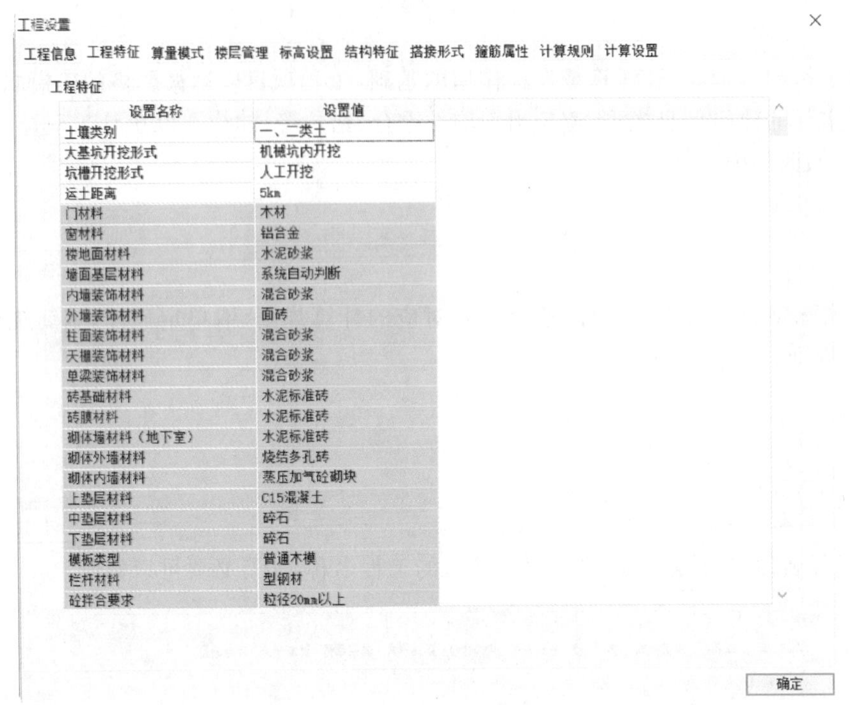

设置名称	设置值
土壤类别	一、二类土
大基坑开挖形式	机械坑内开挖
坑槽开挖形式	人工开挖
运土距离	5km
门材料	木材
窗材料	铝合金
楼地面材料	水泥砂浆
墙面基层材料	系统自动判断
内墙装饰材料	混合砂浆
外墙装饰材料	面砖
柱面装饰材料	混合砂浆
天棚装饰材料	混合砂浆
单梁装饰材料	混合砂浆
砖基础材料	水泥标准砖
砖胎材料	水泥标准砖
砌体墙材料(地下室)	水泥标准砖
砌体外墙材料	烧结多孔砖
砌体内墙材料	蒸压加气砼砌块
上垫层材料	C15混凝土
中垫层材料	碎石
下垫层材料	碎石
模板类型	普通木模
栏杆材料	型钢材
砼拌合要求	粒径20mm以上

图 1-8

(2)超高设置:用于设置定额规定的柱、梁、墙、板标准高度,界面中构件的高度或水平高度超过了此处定义的标准高度,其超出部分就是超高高度。

(3)水平构件支模方式的设置:用于设置水平构件以顶标高或底标高方式来支模,水平构件主要包括框架梁、次梁、圈梁、过梁、连梁、暗梁、柱帽、现浇平板。

3. 算量模式(图 1-9)

(1)清单:选择“清单”选项,软件可输出清单工程量,并可指定清单规则库,也可指定对应的定额规则库并输出定额工程量。

(2)定额:只能指定对应的定额规则库并输出定额工程量。

(3)更换模板:模板指的是已经套用了当地定额的范本,选择的定额模板要和当前使用的定额一致。

在新建工程的时候,“更换模板”不能使用。如果想更换,在工程设置完成后,点击菜单栏的“工程”→“工程设置”→“算量模式”,此时,“更换模板”可以使用。可以和“工具”中的“做法维护”共同使用编辑清单、定额。

(4)实物量计算规则可以调用其他计算规则,点击右侧按钮(图 1-10),会跳出界面(图 1-11)。选择需要的计算规则点确定即可。

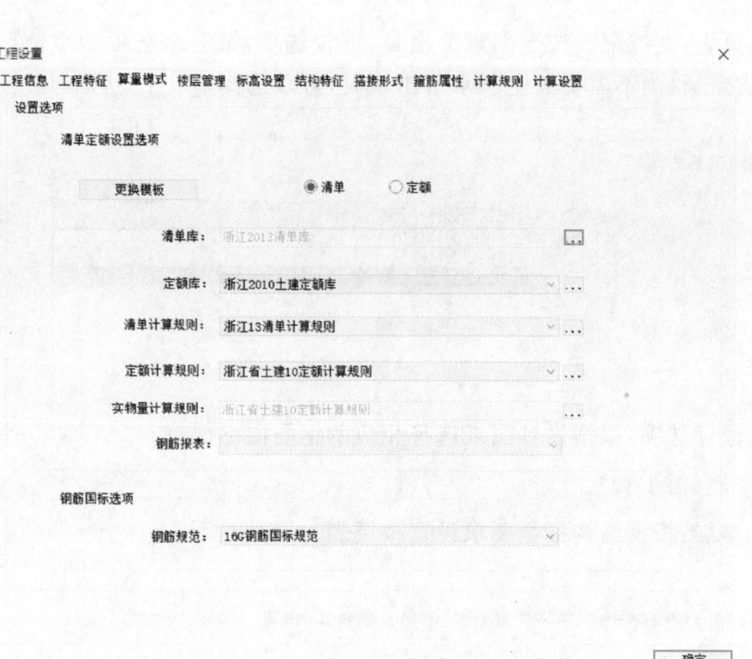

图 1-9

实物量计算规则：浙江省土建10定额计算规则

图 1-10

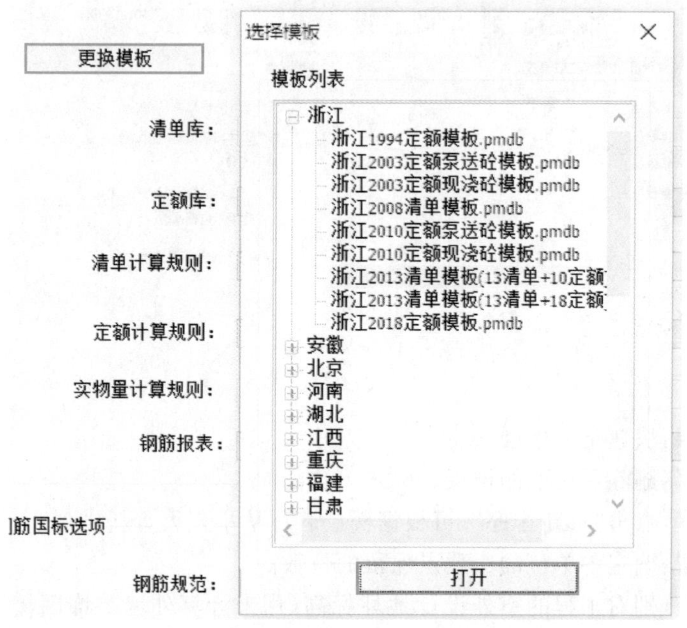

图 1-11

(5)钢筋报表:支持钢筋按定额章节出量,下拉选项,第一个选项为空值(图1-12)。根据需要选择该省定额,当不需要按定额章节出量时,可以选择第一个选项。

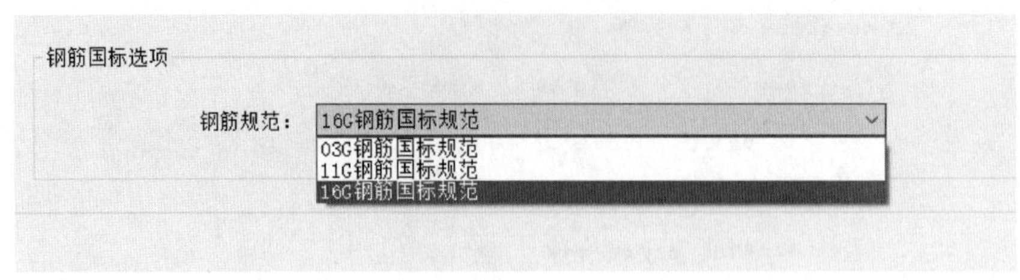

图 1-12

(6)钢筋国标选项:根据设计图纸选择相应的钢筋国标规范。

4. 楼层管理(图 1-13)

(1)添加楼层:根据结构标高要求设置楼层表。

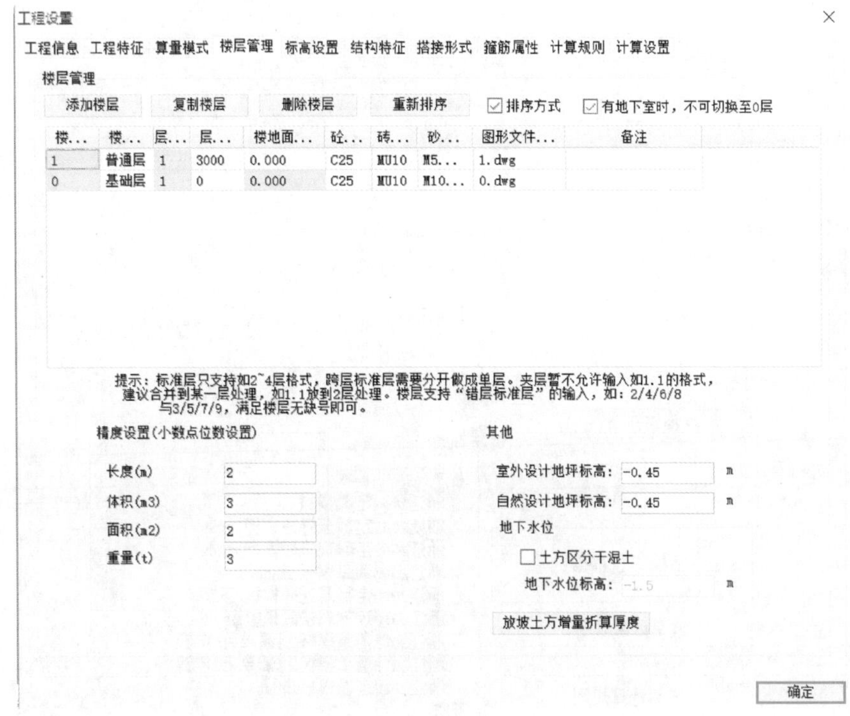

图 1-13

(2)复制楼层:快速定义楼层表。

(3)删除楼层:删除不需要的楼层。

(4)重新排序:点击"重新排序",可根据楼层名称从小至大重新排列。

(5)精度设置:确定各单位的小数点保留的位数。

(6)其他:可分别对工程的室外设计地坪标高(用来计算外墙装饰因楼层标高与室外高差的面积增减)、自然设计地坪标高(用来确定计算基础挖土深度),以及地下水位(用来区分干湿土工程量)进行设置。

(7)有地下室时,不可切换至 0 层:有地下室时,最好设置为－1 层,很多用户把地下室设为 0 层,高度设置为 0,会出现一些计算问题,所以有地下室时不建议使用 0 层。(0 层和 1 层不允许删除;夹层暂不允许输入如 1.1 的格式,建议合并到某一层处理,如 1.1 放到 2 层处理。)

温馨提示

新增备注列——方便用户备注特殊楼层(如夹层),可直接在菜单栏切换楼层显示备注的信息。

5. 标高设置(图 1-14)

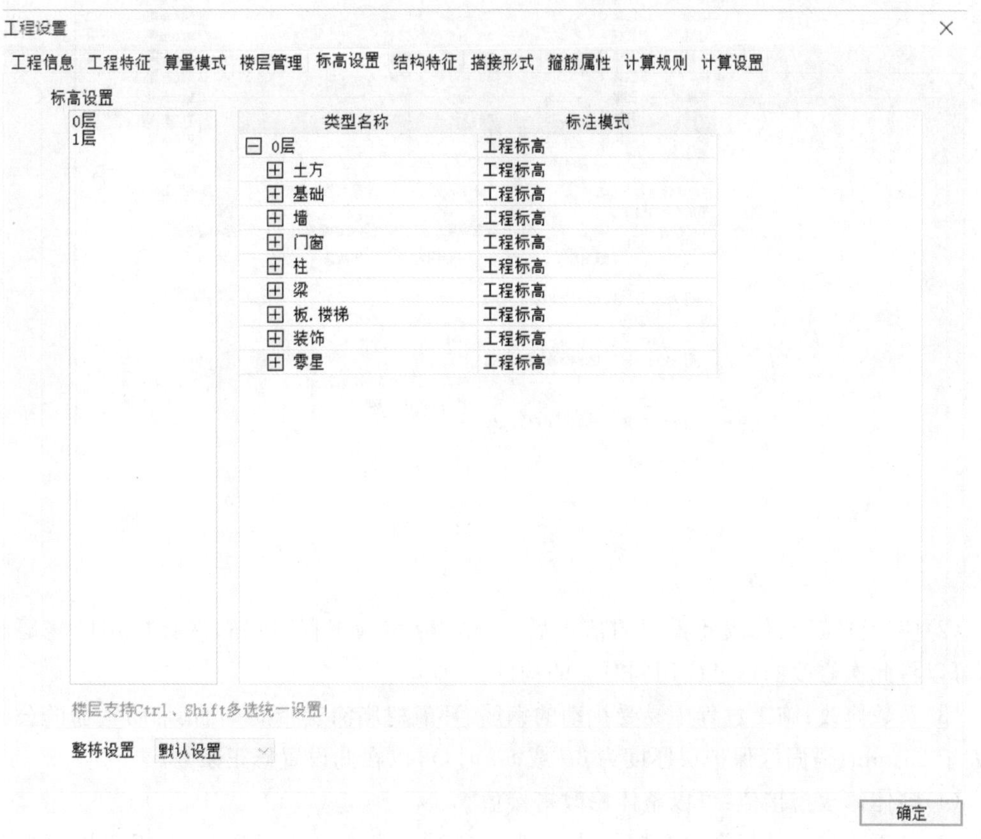

图 1-14

(1)工程标高:构件顶或底标高相对于工程±0.000 处的高差。

(2)楼层标高:指构件顶或底标高相对于工程当前楼地面的高差。

(3)标高支持整栋统一调整。

温馨提示

(1)基础构件只能设置工程标高。

(2)工程标高一般适用于 0 层和顶层,可依个人习惯设置。

(3)楼层标高适用于中间层,方便楼层间构件复制。

6. 结构特征(图 1-15)

(1)复制楼层信息:如果其他楼层与此楼层的砼等级、砖等级、砂浆等级等相同,则可以快速将设置好的材质参数信息用材质复制功能复制到其他楼层中,选择需要复制的楼层,点击"确定"按钮即可。

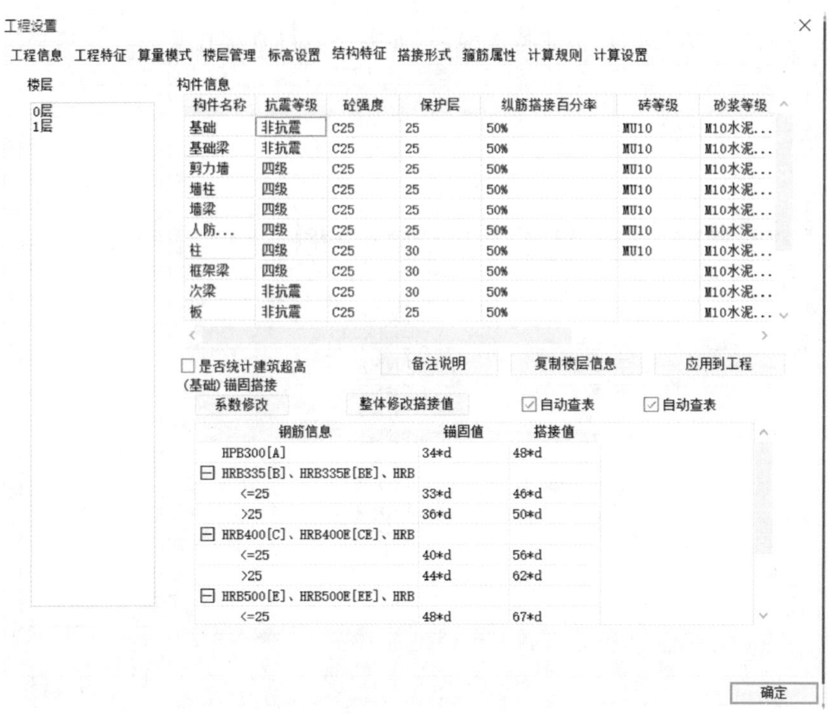

图 1-15

(2)应用到工程:修改此界面的信息后,点击"应用到工程"按钮,选择应用的楼层和范围,可以将此次修改的信息应用到对应的构件。

(3)系数修改:施工过程中易受扰动的钢筋、环氧树脂涂层带肋钢筋、带肋钢筋的公称直径大于 25 mm、锚固区保护层厚度为 $3d$ 或 $5d$ 时,可以在此设置修正系数。

(4)整体修改搭接值:可以整体修改搭接值。

(5)是否统计建筑超高:勾选后,在属性工具栏设置离地总高度,会在报表里面显示出来,供计算超高增加费查阅;不勾选时,即使在属性工具栏设置,报表里面也不会显示出来。

7. 搭接形式(图 1-16)

(1)修改所有:可以同时修改对话框内罗列的所有类型的连接形式。

(2)行修改:可以同时修改相应行的所有连接形式。

(3)列修改:可以同时修改相应列的所有连接形式。

(4)单(双)面焊统计搭接长度:勾选时,可以修改搭接值。

温馨提示

暗柱钢筋在墙竖向筋中设置。

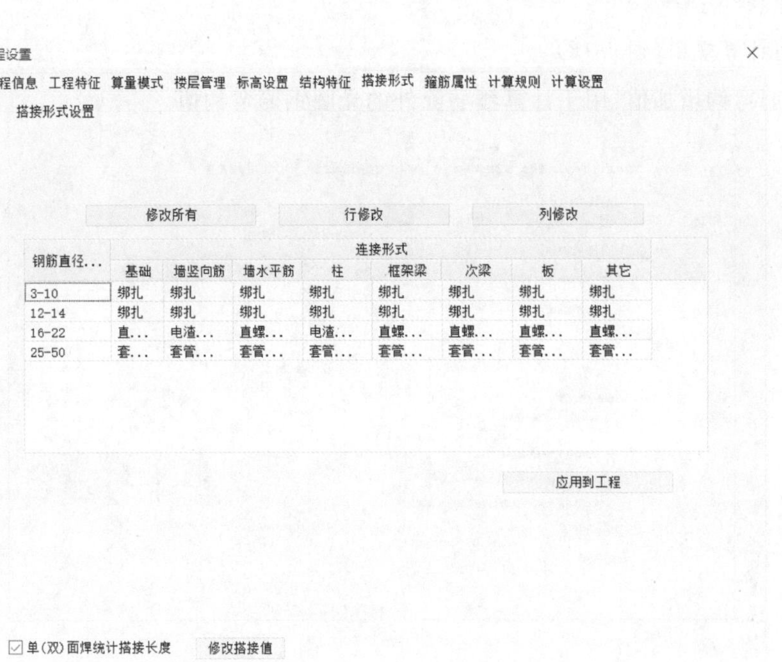
工程设置
工程信息 工程特征 算量模式 楼层管理 标高设置 结构特征 搭接形式 箍筋属性 计算规则 计算设置
搭接形式设置
修改所有 行修改 列修改

钢筋直径...	连接形式							
	基础	墙竖向筋	墙水平筋	柱	框架梁	次梁	板	其它
3-10	绑扎	绑扎	绑扎	绑扎	绑扎	绑扎	绑扎	绑扎
12-14	绑扎	绑扎	绑扎	绑扎	绑扎	绑扎	绑扎	绑扎
16-22	直...	电渣...	直螺...	电渣...	直螺...	直螺...	直螺...	直螺...
25-50	套...	套管...	套管...	套管...	套管...	套管...	套管...	套管...

应用到工程
☑单(双)面焊统计搭接长度 修改搭接值
确定

图 1-16

8. 箍筋属性(图 1-17)

肢数标法:适用于梁箍筋肢数。最小箍筋肢数为 2,软件支持的最大箍筋肢数为 10。

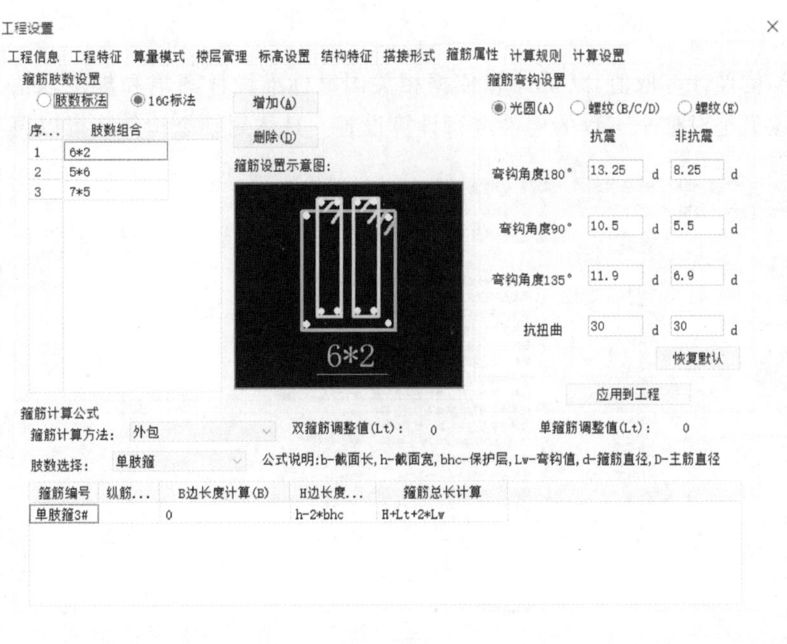
工程设置
工程信息 工程特征 算量模式 楼层管理 标高设置 结构特征 搭接形式 箍筋属性 计算规则 计算设置
箍筋肢数设置
○肢数标法 ◉16G标法
增加(A)
删除(D)

序...	肢数组合
1	6*2
2	5*6
3	7*5

箍筋设置示意图:

箍筋弯钩设置
◉光圆(A) ○螺纹(B/C/D) ○螺纹(E)

	抗震		非抗震	
弯钩角度180°	13.25	d	8.25	d
弯钩角度90°	10.5	d	5.5	d
弯钩角度135°	11.9	d	6.9	d
抗扭曲	30	d	30	d

恢复默认
应用到工程
箍筋计算公式
箍筋计算方法: 外包 双箍筋调整值(Lt): 0 单箍筋调整值(Lt): 0
肢数选择: 单肢箍 公式说明:b-截面长,h-截面宽,bhc-保护层,Lw-弯钩值,d-箍筋直径,D-主筋直径

箍筋编号	纵筋...	B边长度计算(B)	H边长度...	箍筋总长计算
单肢箍3#		0	h-2*bhc	H+Lt+2*Lw

确定

图 1-17

9. 钢筋计算规则(图 1-18)

(1)直筋弯钩增加值:用于计算箍筋除外的光圆钢筋弯钩值。

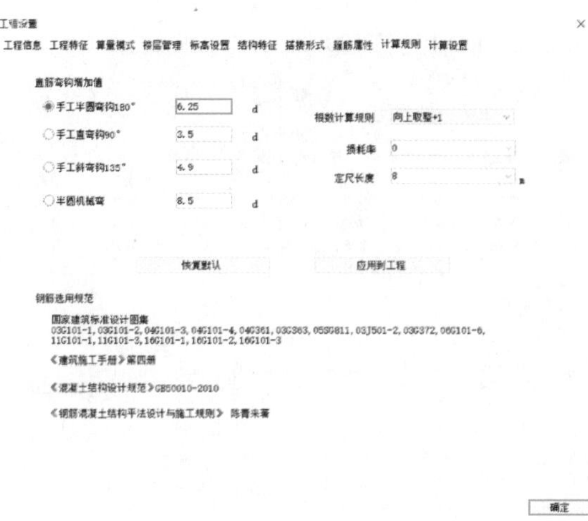

图 1-18

(2)根数计算规则:可选择向上取整(如 8.3 取整后为 9)、向下取整(如 6.6 取整后为 6)、四舍五入。

(3)损耗率:施工过程中,钢筋会产生额外损耗,不可能被完全利用,损耗所占计算出的钢筋量的比例,就是损耗率。设置完之后,损耗率会在报表的钢筋总量和损耗重量中表现出来。

(4)定尺长度:可以根据当地情况的不同进行设置,软件默认为 9 m。

10. 计算设置(图 1-19)

设置各类构件计算取值,默认计算依据相关国家标准设计图集和规范取值。可灵活修改应用。在这里是对整个工程的构件进行计算设置。具体到某个构件还可以再次修改。

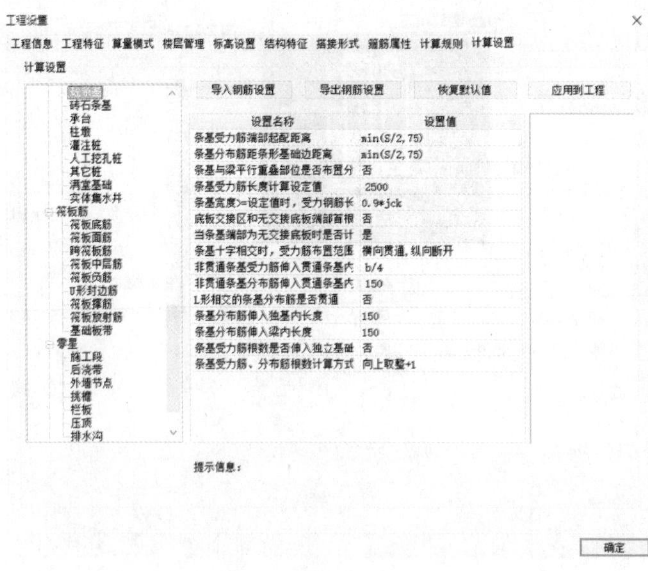

图 1-19

注意事项

(1)此处的计算设置仅对钢筋图形法构件有效,而钢筋向导法构件需要重新设置。

(2)钢筋规范和模板相同的钢筋设置模板可以相互导入。

1.3.4　小节习题

①工程设置包括哪些内容?

②实物量计算规则是否可以调用其他计算规则?怎么调用?

③楼层是否可以复制,具体怎么做?

④根据练习案例项目的信息,对“练习工程”进行工程设置并保存。

<table>
<tr><td colspan="2">笔 记 页</td></tr>
<tr><td>提示(Cues)</td><td>笔记(Notes)</td></tr>
<tr><td colspan="2">总结(Summary)</td></tr>
</table>

1.4 土建算量建模

1.4.1 任务背景

算量，简单地说，就是计算各种建筑构件的面积、体积、重量等数据。利用 BIM 软件建立的模型，每个构件都包含所有信息，例如构件的尺寸、材料性质、管径等，能够减少施工中的沟通问题，可以大量减少无法预料及施工变更引起的额外成本增加，对于提升建筑工程算量水平、提高工作效率，具有积极意义。

1.4.2 任务目标

①掌握土方、柱、梁、板构件的布置及 CAD 转化。

②掌握建筑建模（墙门窗、二次结构、楼梯、装饰的建模）。

1.4.3 任务实施

1. 手工建模

(1)轴网。

①绘制轴网。

功能说明：可以创建直线轴网和弧形轴网（图 1-20）。

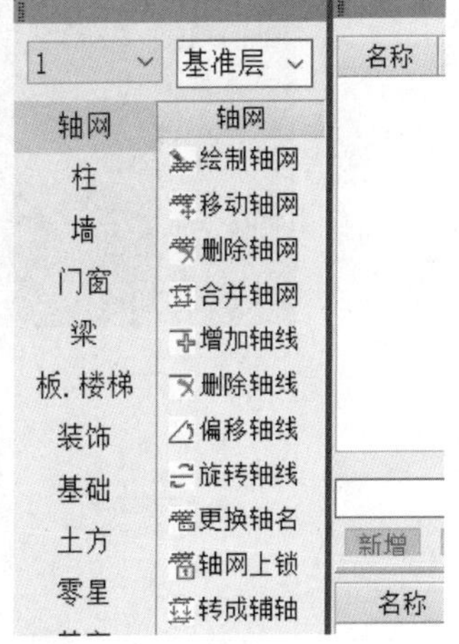

图 1-20

a. 直线轴网（图 1-21）。

(a)纵横轴夹角：纵向轴线和横向轴线之间的夹角，默认为 90°。

(b)轴网旋转角度：布置时轴网旋转的角度，默认为 0°。

(c)调用同向轴网参数：下开间和上开间之间参数可以相互调用。同理左进深和右进深也可相互调用。

(d)图中量取：直接从 CAD 图纸中量取轴线尺寸。

(e)调用已有轴网：调用在工程中已经绘制过的轴网。

(f)从文件中导入：导入外部已绘制好的轴网。只支持本软件导出的文件。

(g)保存成文件：将当前设置好的轴网保存为指定格式文件（. axis）。

(h)应用到楼层：将当前设置好的轴网，布置到所选的楼层。当前层默认被选中。

b. 弧形轴网（图 1-22）。

(a)起始半径：坐标原点到起始圆弧线的长度。

(b)圆心角：标注轴线之间所成的角度。

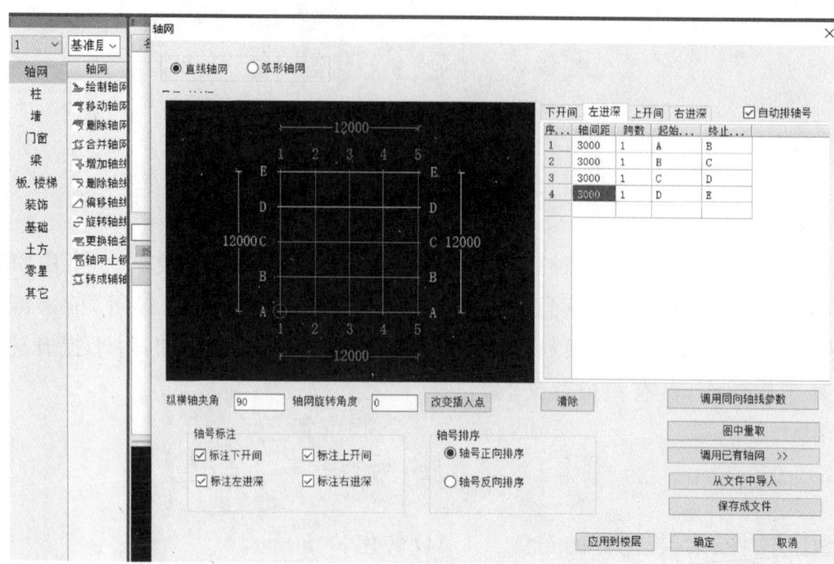

图 1-21

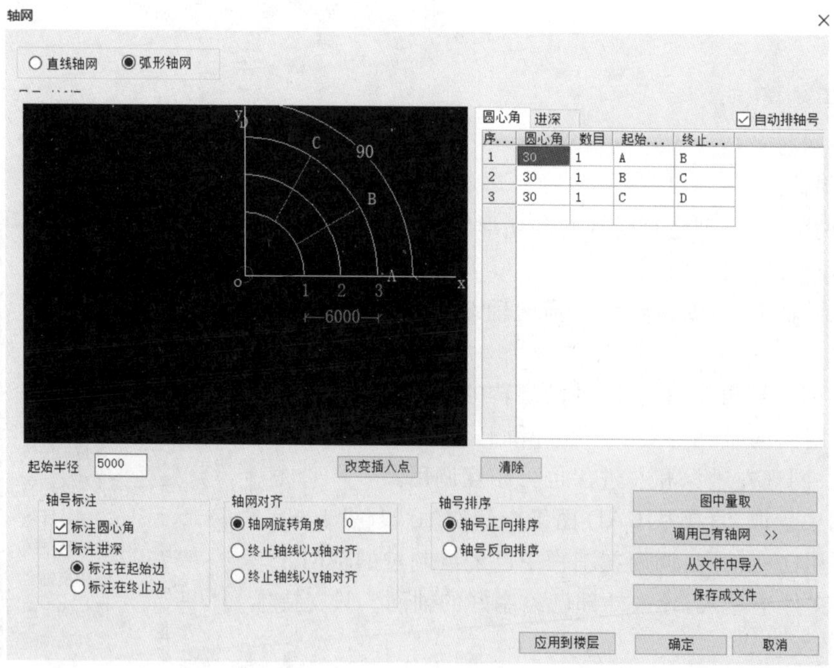

图 1-22

温馨提示

将“自动排轴号”前面的钩去掉,即可对轴号进行自定义。

②移动轴网。

功能说明:将选定的轴网移至另外位置。

③执行菜单栏“CAD 转化”中的“转化轴网”。

a. 框选带基点复制一层平面图提取轴符层，包括轴符、标注；提取轴线层。结果如图 1-23 所示。

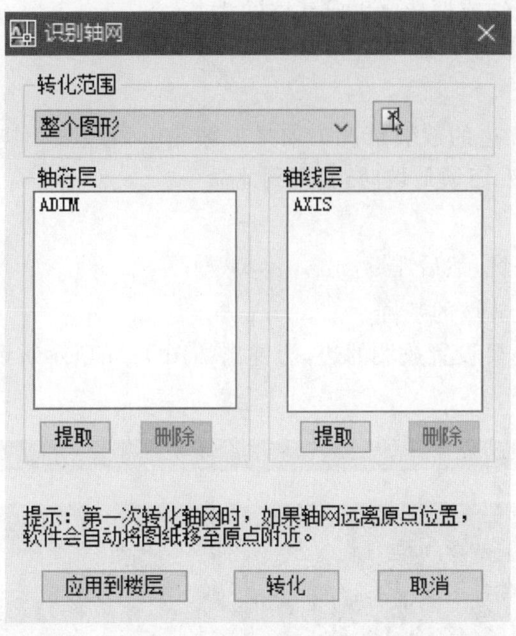

图 1-23

b. 点击“转化”按钮，即可完成轴网的转化。

2. 构件布置

(1)土方。

土方大开挖用来计算基坑的挖土方、回填土、原土打夯及支护结构的面积。

①大开挖土方。

a. 自由绘制。

功能说明：用来绘制不像矩形那样标准的基坑。

操作步骤如下。

步骤 1：在属性中添加构件，左键点击 自由绘制 。

步骤 2：在绘图区绘制想要的基坑即可。如果想要弧形边，在绘制第二点时，在命令栏输入“A”，按 Enter 键，然后点击弧形中间点、弧形端部点即可。操作时，命令栏会有提醒，初次操作时，可以参考一下。

b. 矩形绘制。

功能说明：用来绘制矩形的基坑。

操作步骤如下。

步骤 1：在属性中添加构件，左键点击 矩形布置 。

步骤 2：在绘图区绘制矩形的基坑即可。绘制较为简单，不做详细说明。

c. 随构件生成。

功能说明：在有满基、条基、独基承台、基础梁的情况下，直接生成基坑。

操作步骤如下。

步骤 1:在属性中添加构件,左键点击。

步骤 2:在绘图区点选或框选要生成基坑的满基、条基、独基承台、基础梁,选择完之后,点击鼠标右键即可。

②土方放坡。

功能说明:设置基坑边的放坡情况。如果放坡为一阶放坡,且有几条边的坡度不一致时,或者放坡为二阶放坡、三阶放坡时,会用到此命令。

操作步骤如下。

步骤 1:先绘制好基坑,然后左键点击 土方放坡 。

步骤 2:点选要设置放坡的基坑。

步骤 3:点选或框选要设置放坡的边,会弹出如图 1-24 所示对话框,可以选择是否支护及支护类型。

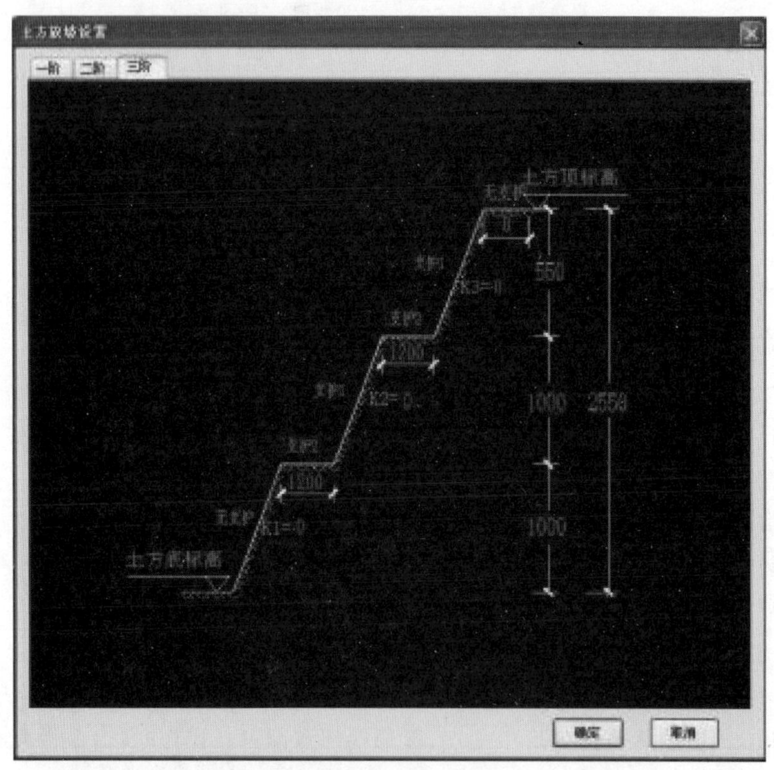

图 1-24

步骤 4:设置好之后,点击“确定”即可。

③房心回填土点选布置。

功能说明:根据点选的区域,自动生成房心回填土。

操作步骤如下。

左键点击墙梁等封闭区域,房心回填土会自动生成。右下角弹出的小框提供选择是否需要 CAD 边线的分割,生成方式可下拉选择“按墙梁内边线生成”。

温馨提示

点选的区域必须封闭且为可视范围,点选时,封闭区域要全部在绘图区显示出来。

可自由绘制、矩形布置、随房间布置:根据实际需要,可自由绘制房心回填土;矩形布置用于绘制矩形的房心回填土;随房间布置用于批量布置房心回填土。

(2)布置柱。

功能说明:在某个轴网区域点布柱(分为点选布置和角度布置)。

操作步骤(图 1-25)如下。

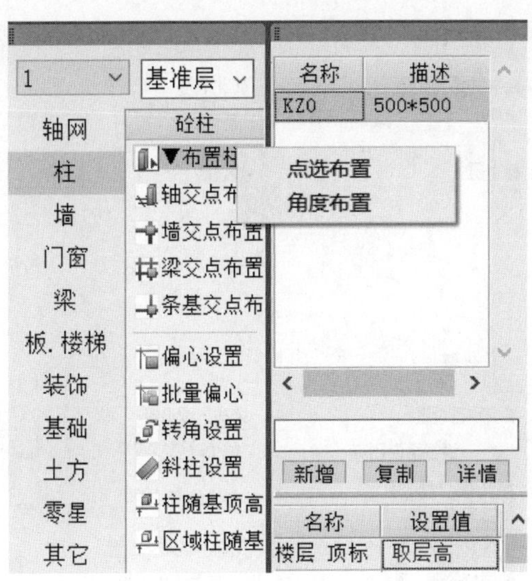

图 1-25

①点选布置。

步骤 1:点击点选布置。

步骤 2:点击要布置柱的位置。

②角度布置。

步骤 1:点击角度布置。

步骤 2:右下角有一个设置旋转角度对话框,若不改变旋转角度值,可以连续布置相同旋转角度柱。

步骤 3:点击要布置柱的位置。

温馨提示

偏移设置 X、Y 值后,可以布置不在轴线上的柱。

③在轴网交点、墙交点处、梁交点、条基交点处布置柱,点击相应图标,框选需要布置柱的对应构件,点击“回车”键确定。

④CAD 转化→左键框选带基点复制柱平面图→回到软件中右键粘贴→转化柱→转化标注层、边线层。

若出现转化错误:选择“构件删除”→选择转化错误的柱右键→柱→布置柱→点选布置(点在错误的柱子上)→移动到对应位置上(M:移动快捷命令)建议先转化钢筋再转化平面)。

⑤CAD 转化柱钢筋布置。

点开构件显示控制：切换到钢筋截面→CAD 转化→转化柱配筋→根据柱详图提取→选择 KZ1→框选生成→检查钢筋信息→点击“确定”(其他柱钢筋同理)。

(3)布置梁。

①梁可以通过工具设置变为斜梁、折梁、拱梁、螺旋梁。其中螺旋梁可以通过对弧形梁查改标高、弧形梁线构件变斜、弧形梁随满基调高实现。执行菜单栏“CAD 转化”中的“转化梁”，弹出如图 1-26 所示的对话框。

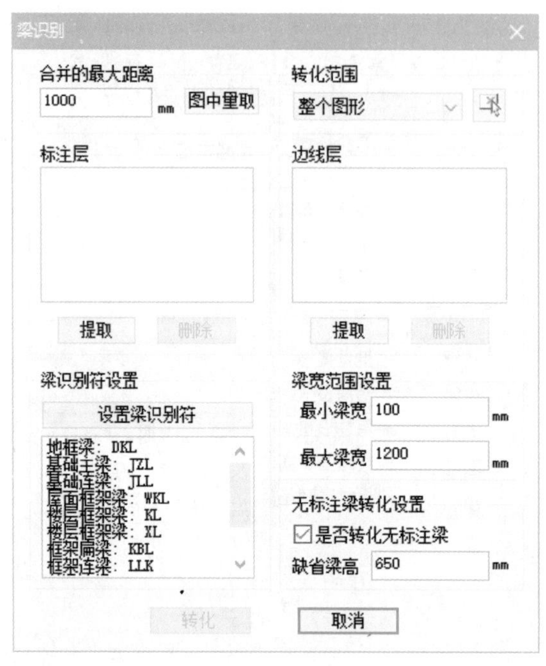

图 1-26

②设置合并的最大距离，这个距离是指一根梁线中间断开的最大距离，一般为柱的边长。

③点击“ ”框选范围，或者默认“整个图形”。

④提取标注层，即梁集中标注、原位标注所在的图层；提取边线层，即梁边线所在的图层。

⑤设置梁识别符：根据图纸，设置梁类型的识别符，例如有些图纸 LL 代表连梁，有些图纸 LL 代表次梁，需要具体情况来设置。

⑥梁宽范围设置：如果缺省设置不能满足当前需求，可以在这里修改设置最小梁宽及最大梁宽，以提高识别准确率。

⑦无标注梁转化设置：如果图纸上有梁未标注，则选中，并设置缺省高度；否则，去掉勾选。

⑧点转化按钮，软件将把所有识别结果在图纸上显示出来，如图 1-27 所示。

(4)现浇平板(图 1-28)。

①自动生成板。

点击图标，选择好构件类型与基线方式后，点击“确定”按钮。算量平面图中会按照所选择的形成方式形成现浇平板。左键框选布置范围形成具体板体。

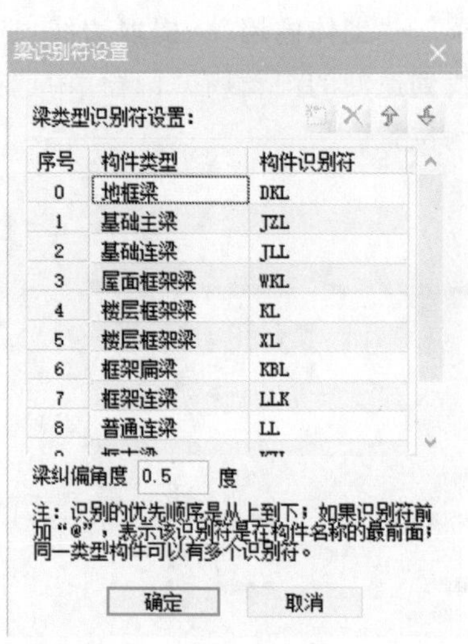

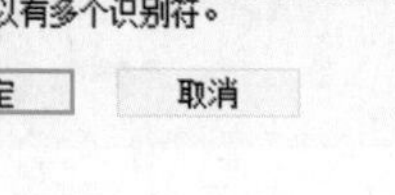

图 1-27

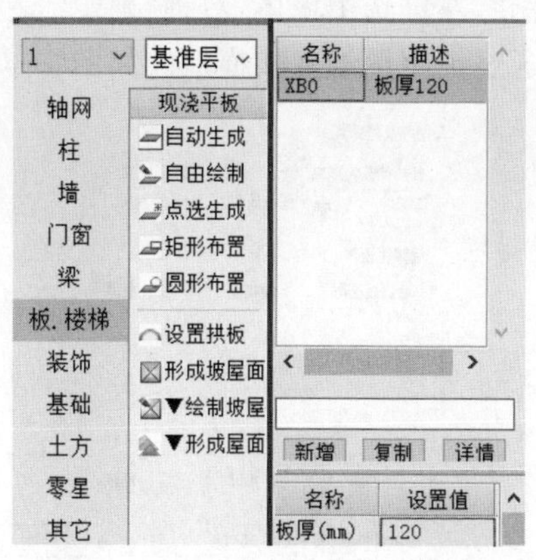

图 1-28

②自由绘制。

根据实际需要，可自由绘制现浇平板，按照确定的板各个边界点，依次绘制。如有圆弧，在命令提示行输入“A”，敲回车键后根据提示操作。

③点选生成。

根据点选的区域，自动生成现浇平板，左键点击墙梁等封闭区域，板会自动生成。右下角弹出的小框提供选择是否需要 CAD 边线的分割，生成方式可下拉选择“按墙梁内边线生成”。

温馨提示

点选的区域必须封闭且为可视范围，点选时，封闭区域要全部在绘图区显示出来。

④执行菜单栏“CAD 转化”中的“转化板筋”。

提取板筋标注层，包括底筋、面筋、负筋的名称及长度标注；提取板筋边线层，包括底筋、面筋、负筋；设置挑长类型标注位置；设置负筋在支座内的标注位置，包括单挑及双挑；点击“转化”按钮，软件将把所有识别结果在图纸上显示出来。

(5)建筑建模(墙门窗)。

选中一层平面图，确定轴线交点并带基点复制到软件中，注意交点重合。可定义为其他图纸或墙图纸。

①复制门窗表到软件中，设定为其他图纸。CAD 转化→转门窗表→框选提取→框选门窗的编号和洞口尺寸，注意不要多选。点击“转化”。如图 1-29 所示。

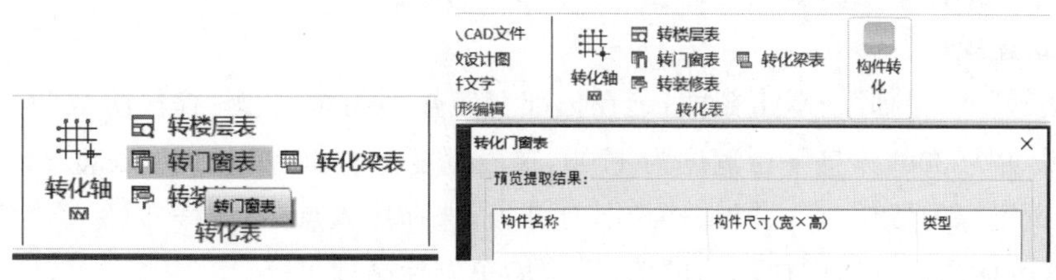

图 1-29

②“CAD 转化”→“转化墙体”→“添加”→“类型选择”→“砌体内墙”→提取边线，选择墙线→选择墙厚→提取门窗标注及边线→点击“转化”→找到遗漏的门窗，在“门窗”中选择“布门窗洞”，左键选中墙体，右键“确定”，左键单击确定墙洞位置。

通过关闭图纸复核模型。如图 1-30 所示。

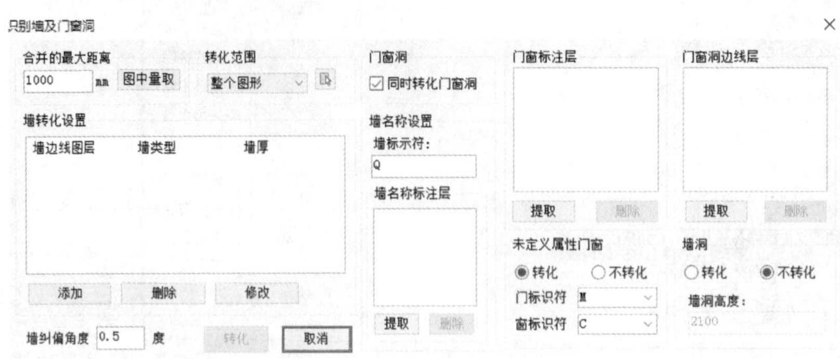

图 1-30

(6)建筑建模(二次结构)。

①进入算量界面，点击“梁”→“圈梁”→“自动生成”，设置墙类别、生成原则、生成范围，即可生成圈梁。如图 1-31 所示。

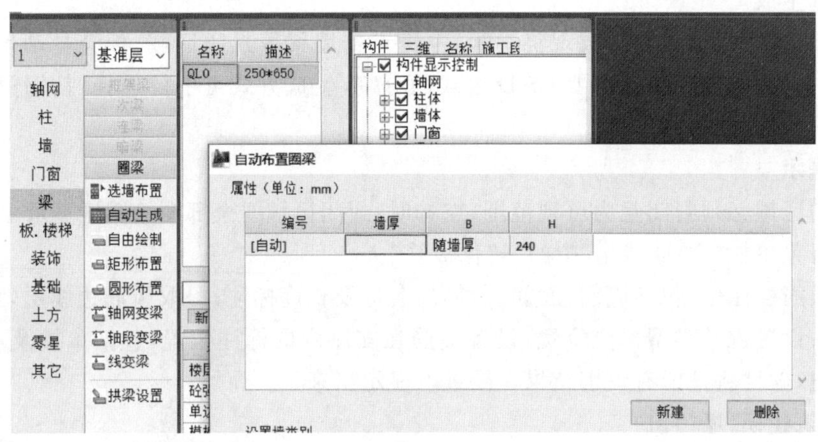

图 1-31

②点击“梁”→“过梁”，新增过梁，假定尺寸，点击“自动生成”，设置过梁宽度范围。

③显隐控制中关闭梁、板、零星，点击“柱”→“构造柱”→“自动生成”，设置“生成原则”，生成构造柱，回到图纸删除多余构造柱。如图 1-32 所示。

(7)建筑建模(楼梯)。

“板、楼梯”→“楼梯”→双击截面，选择标准双跑楼梯类型 1，例：梯段阶数为 12，踏步 h_1 高 150，b_1 设置为 300，休息平台宽度为 1700，梯段宽度为 3360，梁板搁置长度 240，踢井宽度 160。复制设置好的楼梯，点击“板、楼梯”，打开板，选择插入点，布置楼梯。

找到查改标高命令选中楼梯间的墙，修改墙单侧标高即可。

使用高度调整命令，修改构造柱高度。如图 1-33 所示。

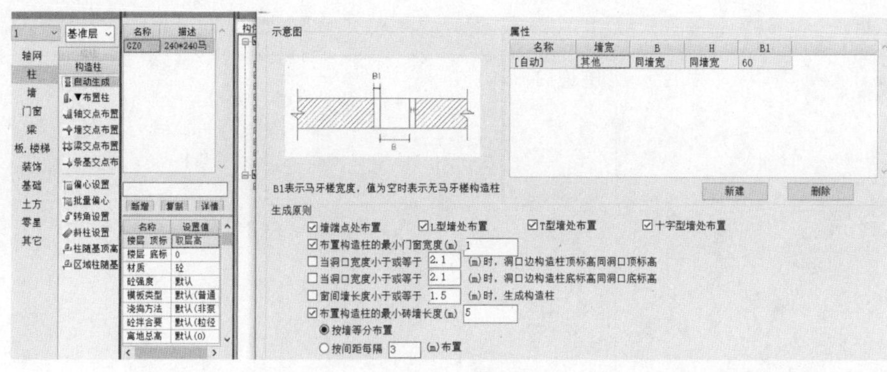

图 1-32

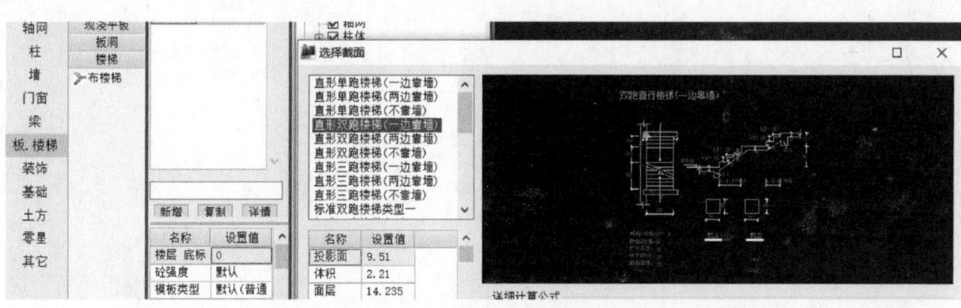

图 1-33

(8)建筑建模(装饰)。

隐藏梁板。选择“装饰”→“楼地面”→新增地面 D1。“天棚”，新增命名为“顶 2”。“内墙”新增命名为“内墙 1”，“踢脚”新增命名为“踢脚 1”。

“房间”命名为“教室、办公室”，将属性中的内墙面设置值都修改为“内墙 1”，楼地面设置为“地面 1”，天棚设置为“顶 2”，踢脚设置为“踢脚 1”。使用“点选布置”，布置房间。选择“外墙面”→新增外墙涂料命名为“外墙浅灰色涂料”。点击绘制装饰，沿边线绘制。选择“房间”→“详情”，找到楼地面，项目特征下的清单编号修改为 011101003，名称为“地面 1”，定额修改为“11-5”，名称为“地面 1”。采用同样的方法修改顶棚、内墙、踢脚，如图 1-34 所示。

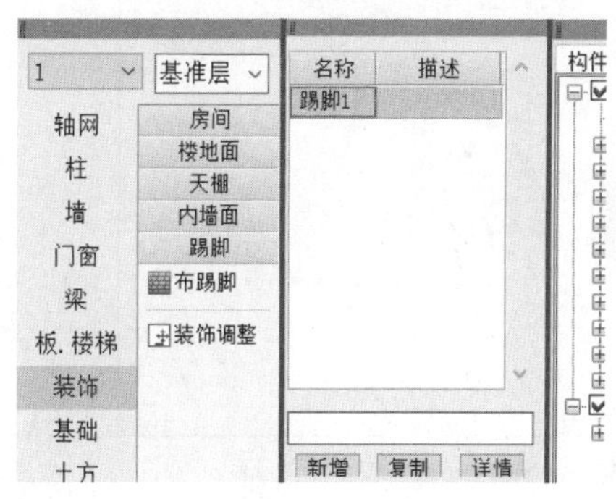

图 1-34

1.4.4　小节习题

①同一工程是否可以设置子项目？如何新建、编辑、删除项目？

②新建一个项目并命名为“练习工程 1”，合理拟定项目基本信息并保存。

笔　记　页	
提示(Cues)	笔记(Notes)
总结(Summary)	

1.5 工程量计算汇总

1.5.1 任务背景

建筑工程工程量计算是一项烦琐且工作量大的活动。根据设计文件规定的工程规模和拟定的施工方法，依据《建设工程工程量清单计价规范》(GB 50500—2013)中的工程量计算规则计算建筑工程量，计量的准确性对单位工程造价的预测、优化、计算、分析等多种活动的成果，以及控制工程造价管理的效果都会产生重要的影响，对正确确定建设单位工程造价等起着举足轻重的作用。

1.5.2 任务目标

①掌握土建清单工程量汇总、实物工程量汇总。

②套取外部清单进行汇总。

1.5.3 任务实施

(1)土建工程量汇总。

①清单定额计算算量界面点击“清单定额计算”。

②在弹出的对话框中选择需要计算的楼层和构件类型。

③计算结束后，会跳出提示框。若有计算问题，会有错误说明，可双击结果中的提示，在图形中进行定位。如图 1-35 所示。

④勾选需要计算的楼层及构件类型，点击“确定”，即可在“报表预览”中查看计算结果。

(2)切换至“钢筋界面” 钢筋界面 ，点击计算。

①点击报表系统，等待界面出现，查看报表，可用同样的方法查看土建报表。

②点击“条件统计”，勾选模板中的“超高统计”。

③点击左上角“反查模式”，双击选中的构件信息，可进行定位。

④“预览模式”可导出工程量清单。

⑤点击工程，点击“BIM 模型导出”，选择插入点即可导出 PBIM 模型。如图 1-36 所示。

(3)导出报表。

①选中所需的报表，点击“导出”，在下拉菜单中选择“导出 Excel”，弹出保存文件目标路径，修改完成后点击“确定”。如图 1-37 所示。

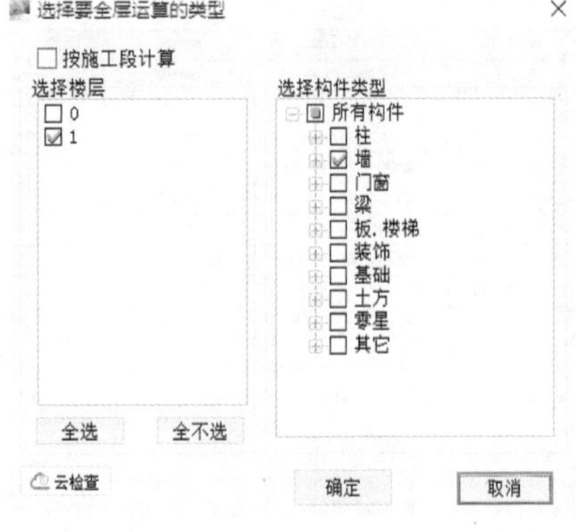

图 1-35

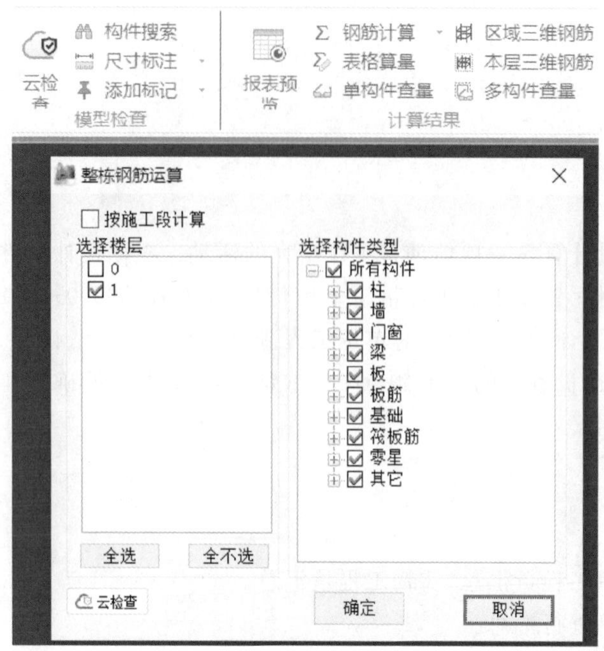

图 1-36

实物量汇总表

工程名：1　　　　第1页 共2页

序号	构建族名称	构件名称	计算项目	单位	工程量
强电					
1	配电箱	照明配电箱	构件数量	个	37.0
2	配电箱	动力照明配电箱	构件数量	个	1.0
消防					
3	管道类型	镀锌钢管(镀锌钢管:DN100;04P自喷灭火给水系统1)	构件长度	m	6.656
4	管道类型	镀锌钢管(镀锌钢管:DN150;04P自喷灭火给水系统1)	构件长度	m	34.095
5	管道类型	镀锌钢管(镀锌钢管:DN24;04P自喷灭火给水系统1)	构件长度	m	160.093
6	管道类型	镀锌钢管(镀锌钢管:DN32;04P自喷灭火给水系统1)	构件长度	m	102.953
7	管道类型	镀锌钢管(镀锌钢管:DN40;04P自喷灭火给水系统1)	构件长度	m	37.85
8	管道类型	镀锌钢管(镀锌钢管:DN50;04P自喷灭火给水系统1)	构件长度	m	49.222
9	管道类型	镀锌钢管(镀锌钢管:DN80;04P自喷灭火给水系统1)	构件长度	m	19.654
10	弯头 - 常规	标准(DN100×DN100)	构件数量	个	1.0
11	弯头 - 常规	标准(DN150×DN150)	构件数量	个	2.0
12	弯头 - 常规	标准(DN25×DN25)	构件数量	个	63.0
13	弯头 - 常规	标准(DN32×DN32)	构件数量	个	7.0
14	弯头 - 常规	标准(DN40×DN40)	构件数量	个	5.0
15	弯头 - 常规	标准(DN50×DN50)	构件数量	个	9.0
16	弯头 - 常规	标准(DN80×DN80)	构件数量	个	3.0
17	T形三通 - 常规	标准(DN100×DN100×DN100)	构件数量	个	3.0
18	T形三通 - 常规	标准(DN150×DN150×DN150)	构件数量	个	8.0
19	T形三通 - 常规	标准(DN25×DN25×DN25)	构件数量	个	2.0
20	T形三通 - 常规	标准(DN32×DN32×DN32)	构件数量	个	39.0
21	T形三通 - 常规	标准(DN40×DN40×DN40)	构件数量	个	12.0

实物量汇总表

工程名：1　　　　第1页 共2页

序号	构建族名称	构件名称	计算项目	单位	工程量
强电					
1	配电箱	照明配电箱	构件数量	个	37.0
2	配电箱	动力照明配电箱	构件数量	个	1.0
消防					
3	管道类型	镀锌钢管(镀锌钢管:DN100;04P自喷灭火给水系统1)	构件长度	m	6.656
4	管道类型	镀锌钢管(镀锌钢管:DN150;04P自喷灭火给水系统1)	构件长度	m	34.095
5	管道类型	镀锌钢管(镀锌钢管:DN24;04P自喷灭火给水系统1)	构件长度	m	160.093
6	管道类型	镀锌钢管(镀锌钢管:DN32;04P自喷灭火给水系统1)	构件长度	m	102.953
7	管道类型	镀锌钢管(镀锌钢管:DN40;04P自喷灭火给水系统1)	构件长度	m	37.85
8	管道类型	镀锌钢管(镀锌钢管:DN50;04P自喷灭火给水系统1)	构件长度	m	49.222
9	管道类型	镀锌钢管(镀锌钢管:DN80;04P自喷灭火给水系统1)	构件长度	m	19.654
10	弯头 - 常规	标准(DN100×DN100)	构件数量	个	1.0
11	弯头 - 常规	标准(DN150×DN150)	构件数量	个	2.0
12	弯头 - 常规	标准(DN25×DN25)	构件数量	个	63.0
13	弯头 - 常规	标准(DN32×DN32)	构件数量	个	7.0
14	弯头 - 常规	标准(DN40×DN40)	构件数量	个	5.0
15	弯头 - 常规	标准(DN50×DN50)	构件数量	个	9.0
16	弯头 - 常规	标准(DN80×DN80)	构件数量	个	3.0
17	T形三通 - 常规	标准(DN100×DN100×DN100)	构件数量	个	3.0
18	T形三通 - 常规	标准(DN150×DN150×DN150)	构件数量	个	8.0
19	T形三通 - 常规	标准(DN25×DN25×DN25)	构件数量	个	2.0
20	T形三通 - 常规	标准(DN32×DN32×DN32)	构件数量	个	39.0
21	T形三通 - 常规	标准(DN40×DN40×DN40)	构件数量	个	12.0

图 1-37

1.5.4 小节习题

如何根据需要进行土建清单工程量汇总、实物工程量汇总并导出相应报表？

笔 记 页	
提示(Cues)	笔记(Notes)
总结(Summary)	

笔　记　页	
提示(Cues)	笔记(Notes)
总结(Summary)	

1.6 综 合 练 习

综合练习 1

根据提供的综合楼图纸，如图 1-38 所示，对指定构件进行建模，按照资料包提供的“综合楼外部清单”套取清单计算清单工程量，也可计算实物工程量，实物工程量的计量单位可参考清单工程量。

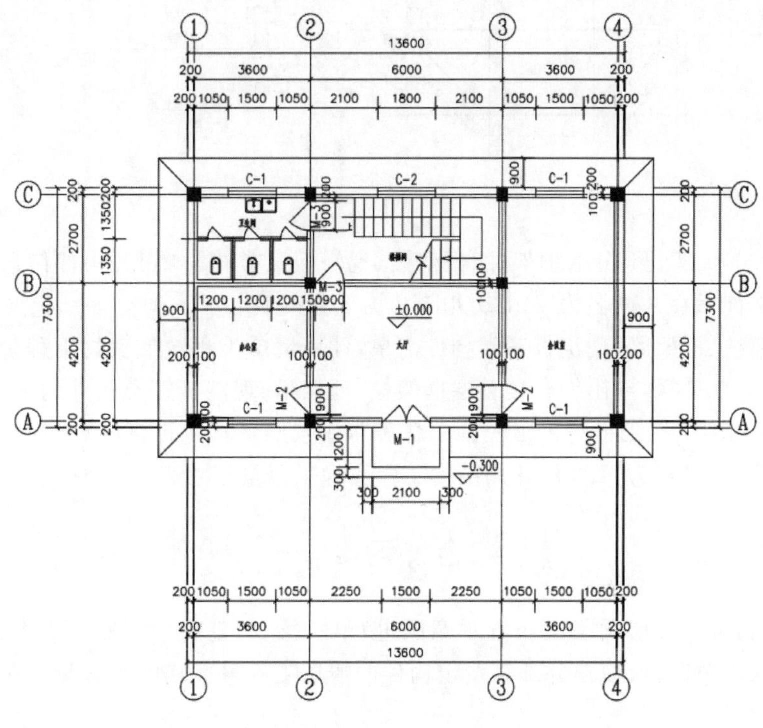

图 1-38

(1)绘制综合楼首层框架柱、框架梁、现浇板、内外墙、门、窗六类构件，相关构件信息参考资料包，将最终模型文件保存并命名为“1.1 综合楼土建工程建模”。

(2)套取框架柱、框架梁、现浇板、内外墙、门、窗六类构件清单，计算清单工程量或实物工程量。对综合楼模型文件进行汇总计算，导出综合楼首层框架柱、框架梁、现浇板、内外墙、门、窗六类构件的工程量报表，并命名为“1.2 综合楼土建工程清单工程量汇总表”，或按照资料包提供的“实物量汇总表模板”填写实物工程量，另存为“1.2 综合楼土建工程实物工程量汇总表”。

综合练习 2

根据提供的幼儿园部分结构施工图(基础顶～3.220 柱平法施工图)，如图 1-39 所示，对指定构件进行建模，按照资料包提供的“综合楼外部清单”套取清单计算清单工程量，也可计算实物工程量，实物工程量的计量单位可参考清单工程量。

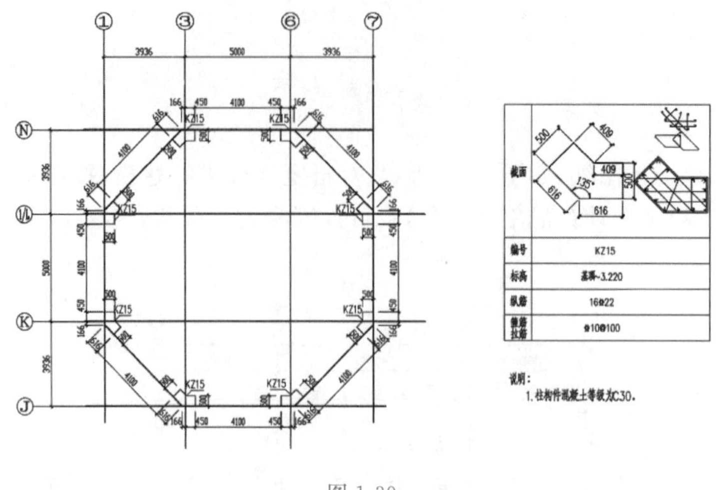

图 1-39

(1)绘制±0.000 以上部分的框架柱、框架梁、现浇板三类构件，相关构件信息参考资料包，将最终模型文件保存并命名为“1.1 幼儿园结构工程模型”。

(2)套取框架柱、框架梁、现浇板三类构件清单，计算清单工程量或实物工程量。对综合楼模型文件进行汇总计算，导出综合楼首层框架柱、框架梁、现浇板三类构件的工程量报表，并命名为“1.2 幼儿园结构工程清单工程量汇总表”，或按照资料包提供的“实物量汇总表模板”填写实物工程量，另存为“1.2 幼儿园结构工程实物工程量汇总表”。

综合练习 3

根据提供的宿舍楼二层梁平面布置示意图进行柱、梁、板建模，如图 1-40 所示，按照提供的“宿舍楼外部清单”套取清单并计算指定构件的清单工程量或实物工程量。实物量的计量单位可参考清单工程量。

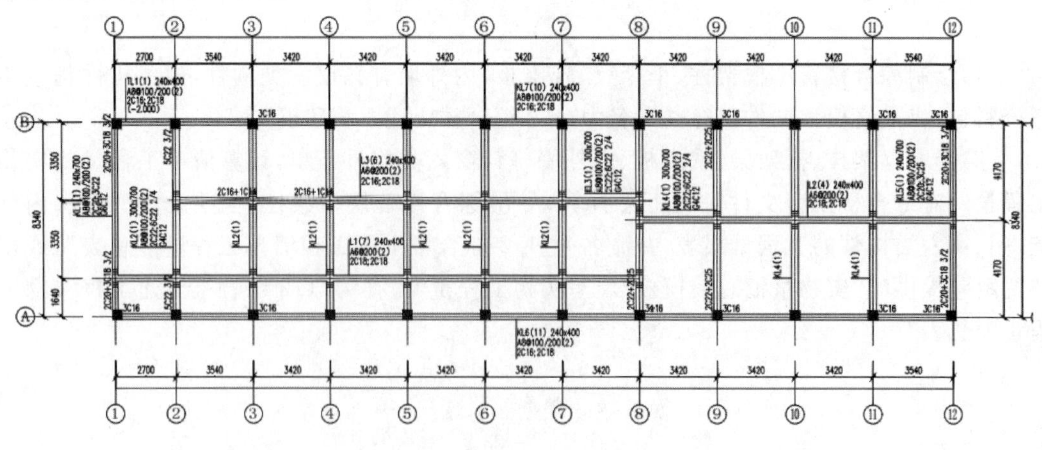

图 1-40

(1)模型创建。

①根据宿舍楼结构施工图中的“结构设计说明”修改工程相关参数。

②根据宿舍楼结构施工图中的“－0.030～3.970 米柱配筋图”“二层梁配筋图”“二层板配筋图”，完成－0.030～3.970 米柱、二层梁、二层板的土建及钢筋建模。

③将创建的模型文件保存并命名为“1.1 宿舍楼工程算量模型”。

(2)套取给定的“宿舍楼混凝土外部清单”，汇总计算宿舍楼工程－0.030～3.970 米柱、二层梁、二层板的混凝土浇捣清单工程量或实物工程量，将计算结果填入外部清单，保存并命名为“1.2.1 宿舍楼工程混凝土清单工程量(实物工程量)”。

综合练习资料包

笔　记　页	
提示(Cues)	笔记(Notes)
总结(Summary)	

模块二　施工场布

2.1　场布软件介绍

2.1.1　任务背景

场布(场地布置)是施工组织设计中的重要部分,也是项目施工的前提和基础。

BIM 场布软件就是三维场地布置软件,能将施工现场平面布置图转化为三维形式,或者简单来讲将现场的施工布置情况表现在模型中的 BIM 应用软件,实现场布科学合理,以相关信息数据为基础建立三维模型,将它们之间的关系通过三维的形式表现出来,与传统二维图纸相比,表达更加直观。

常用 BIM 场布软件有品茗三维施工策划软件、广联达 BIM 施工场布软件、鲁班场布等(图 2-1)。本书采用品茗三维施工策划软件完成场布学习。

图 2-1

2.1.2　品茗三维施工策划软件

品茗三维施工策划软件是基于 Auto CAD 研发的 BIM 软件,操作简单,符合目前技术人员常用的 CAD 软件绘制平面布置图习惯。

软件内置了大量的土方、生活设施、材料堆场、机械设备等构件,可通过建筑总平面图识别转化以及手工布置构件快速完成场布,同时根据需要生成多种平面布置图。

在二维场布基础上,可直接查看三维场布图,支持三维模型结合 GIS 真实还原项目现场情况,可根据进度生成施工模拟动画,支持在模拟过程中检查塔吊的碰撞情况(图 2-2)。

软件支持市场通用的 obj 和 skp 模型导入,并设置有云族库、本地族等多种方式方便对构件的传递和复用,完善构件种类。

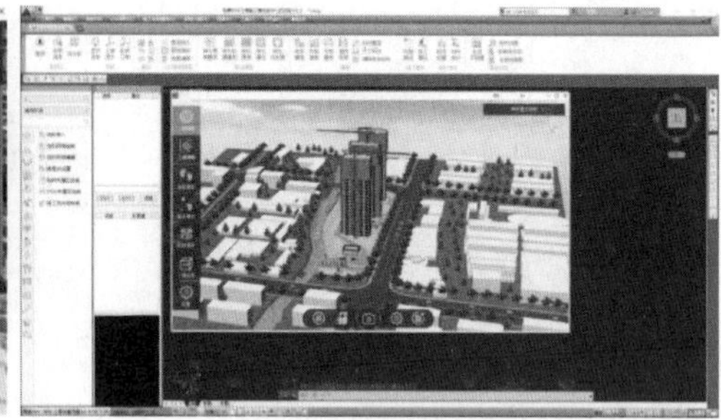

图 2-2

软件内置规范检查功能，辅助检查平面图布置是否符合规范要求，布置完成后可进行临建工程量的统计。

2.1.3 应用领域

本软件主要应用于施工招投标阶段的技术标制作；施工阶段的施工组织设计、安全专项方案、文明施工专项方案、临水临电、装配式建筑吊装等方案通过三维平面布置图和施工模拟进行设计优化；施工现场的安全文明标化管理，包括进度汇报、技术交底、材料管理等。

2.1.4 软件界面介绍

本软件操作界面主要包括“菜单栏”“常用命令栏”“构件布置区”“构件列表”“构件属性栏”“构件大样图栏”“常用编辑工具栏”“命令栏”“绘图区”(图 2-3)。

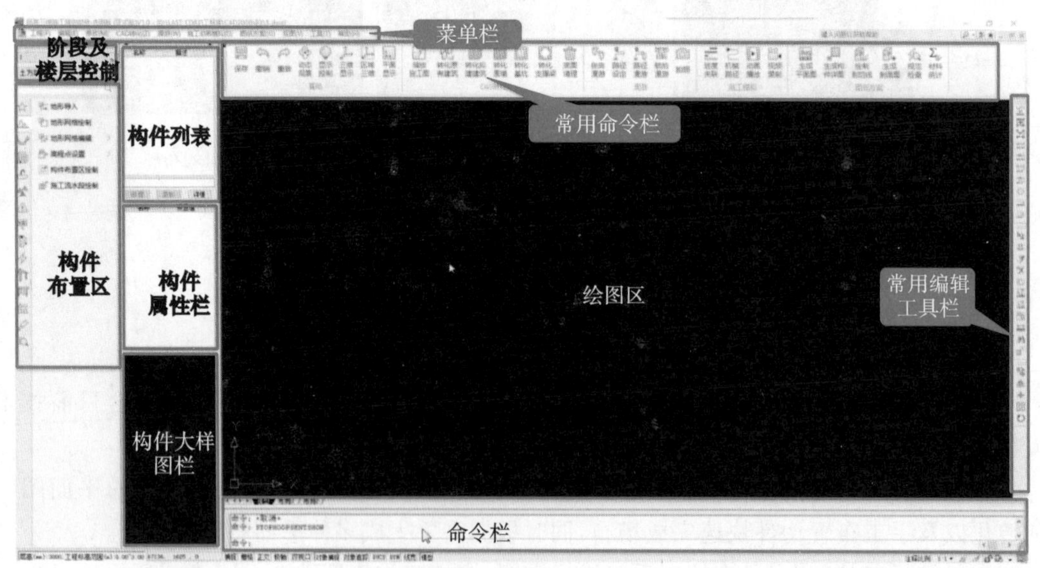

图 2-3

(1)菜单栏。

菜单栏放置了软件除构件布置外的大部分功能命令(图 2-4)。

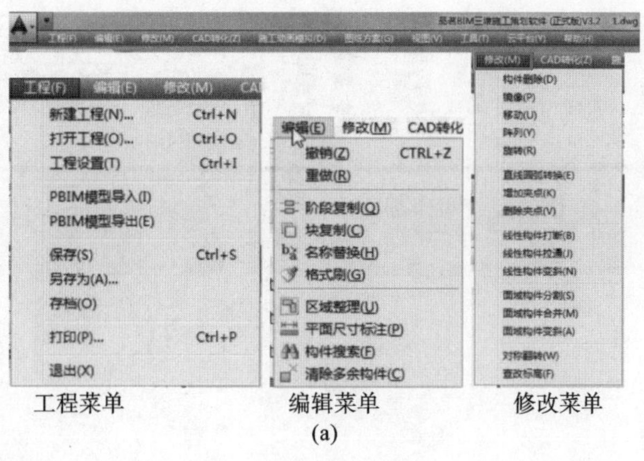

工程菜单　　编辑菜单　　修改菜单

(a)

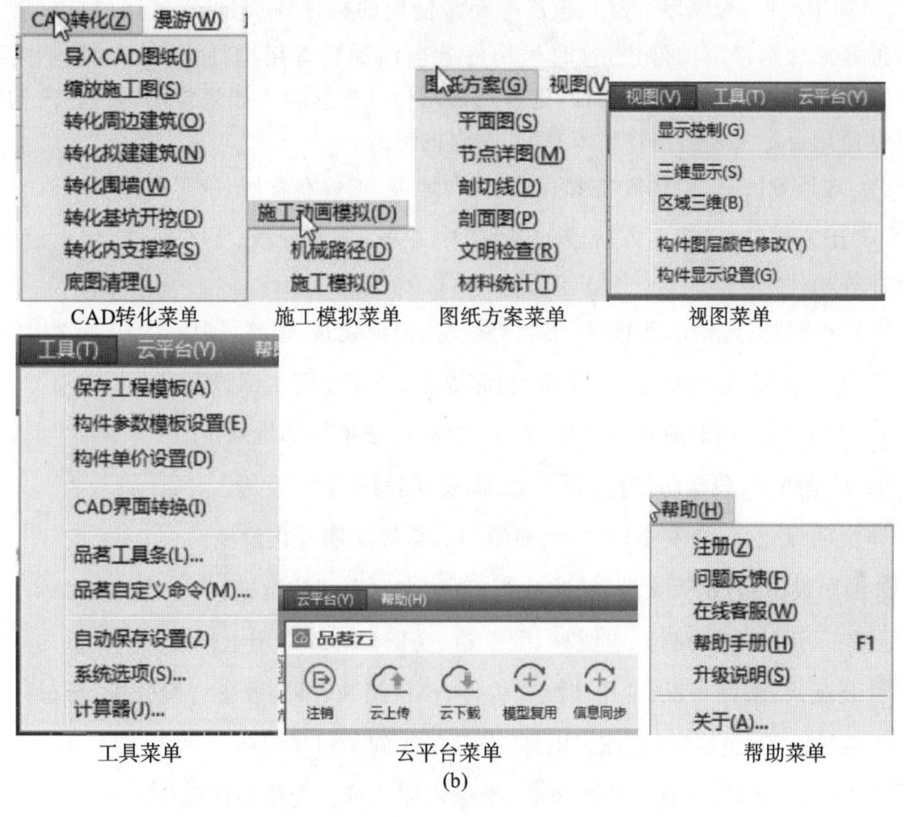

CAD转化菜单　　施工模拟菜单　　图纸方案菜单　　视图菜单

工具菜单　　云平台菜单　　帮助菜单

(b)

图 2-4

(2)常用命令栏。

常用命令栏放置了使用频率很高的常用工具,如品茗云、视图、基础、CAD 图纸编辑、转化模型、编辑、施工模拟、统计优化、图纸生成(图 2-5),跟菜单栏同名的命令功能相同。

(3)构件布置区。

构件布置区包含了构件搜索栏、软件内置的所有构件以及导入外部构件功能。在这里特别介绍下几个特殊的功能和命令。

① 构件搜索栏:输入构件名称或名称包含的字符就会在搜索结果栏内显示相

图 2-5

应的构件。

② 常用构件：像围墙、大门、板房等经常使用的构件，我们可以使用鼠标右键点击相关构件，选择添加到常用构件栏，这时候构件就会添加到常用构件栏内。如果不需要构件了，就在常用构件栏内右键点击构件，选择从常用构件栏移除。如果常用构件栏内构件比较混乱，可以使用自定义常用构件栏来重新对构件排序。

③ 地形分区：这类构件主要有三个，即地形、构件布置区、施工段。

④ 土方构件：包括土方阶段的基坑、中心岛、土方分段、土方回填、出土道路、支撑梁、支撑柱等构件。

⑤ 建构筑物：包括活动板房、集装箱板房、拟建建筑、道路、围墙、大门等建构筑物。

⑥ 生活设施：包括洗漱台、化粪池、晾衣区、停车场等生活设施。

⑦ 材料堆场：钢筋原材料堆场、石子堆场、砂子堆场等堆场。

⑧ 安全防护：包括防护棚、脚手架、爬模、爬架等安全设施。

⑨ 文明绿化：包括安全讲评台、横幅、花、草等文明绿化设施。

⑩ 消防设施：包括灭火器、消防沙箱、消防水池等消防设施。

⑪ 临时用电：包括路灯、电线杆、配电箱、变压器等临时用电设施。

⑫ 装配式：轴网布置、常用装配式构件、楼层组装、吊装设备智能分析，行车分析。

⑬ 机械设备：包括塔吊、施工电梯、龙门吊等施工机械设备。

⑭ 安全体验区：包括安全帽体验、平衡木体验等安全体验区设施。

⑮ 基础构件：包括文字、线条、柱、球等基础图元。

⑯ 工程族库：包含工程族库、已下载族、个人族库、企业族库、公共族库。

⑰ 搜索结果：搜索过的构件在此处罗列。

(4)构件列表。

显示已经布置或者生成的构件，如果需要布置不同参数的同类构件，则需要先通过“新增”来添加新构件。

如果新构件只有部分参数修改，则可以使用“复制”来新增构件。双击名称可进行更改，鼠标右击名称和描述，可编辑、排序、删除、搜索(图 2-6)。

(5)构件属性栏。

构件属性栏内有选中构件的各项公有属性，这里的属性修改了，所有的同名构件都会修改。除了尺寸、标高等参数，构件所有可以修改的材质和颜色都可以在这里进行修改(图 2-7)。

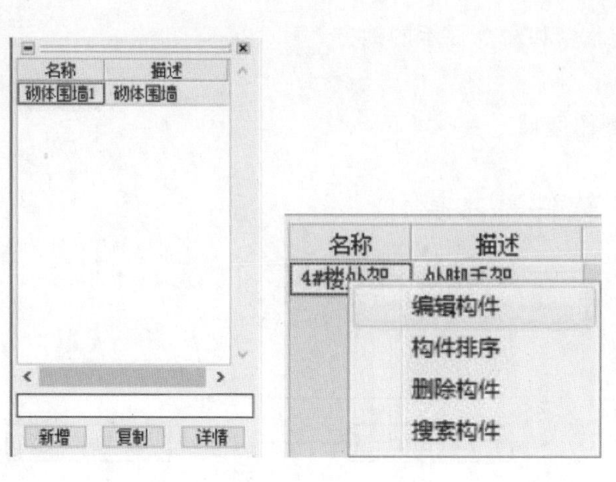

图 2-6

名称	设置值
构件样式	砌体围墙
底标高(mm)	自然设计地
墙厚(mm)	240
墙高(mm)	2500
柱基础高度	500
柱间距(mm)	6000
材质	默认(涂白)
围墙内侧贴	
围墙外侧贴	图一.jpg;图
柱材质贴图	
墙材质贴图	
墙颜色	255,255,255
柱颜色	67,148,239

图 2-7

(6)构件大样图栏。

与属性栏一样，这里也是显示选中构件的大样图，大样图中包含一些在属性栏中没有的、不常用的参数，我们可以用鼠标滚轮缩放后修改相关参数。当然我们也可以双击属性栏下方的大样图栏，这时会展开构件编辑界面(图 2-8)。

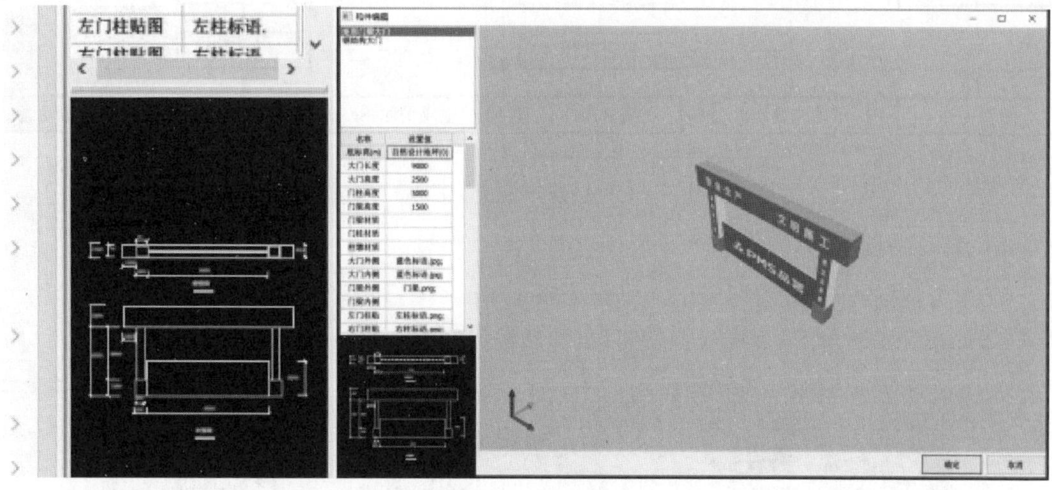

图 2-8

(7)常用编辑工具栏。

该栏一般在软件右侧，也可以移到绘图区上部，主要设置了菜单栏中编辑菜单和修改菜单中的大部分命令，便于命令的使用和操作(图 2-9)。

图 2-9

(8)命令栏。

命令栏为输入软件和 CAD 本身快捷命令和命令提示的地方。

(9)绘图区。

绘图区是主要布置和绘制平面图的操作区域。

2.1.5 软件基本操作

(1)整体操作思路(图 2-10)。

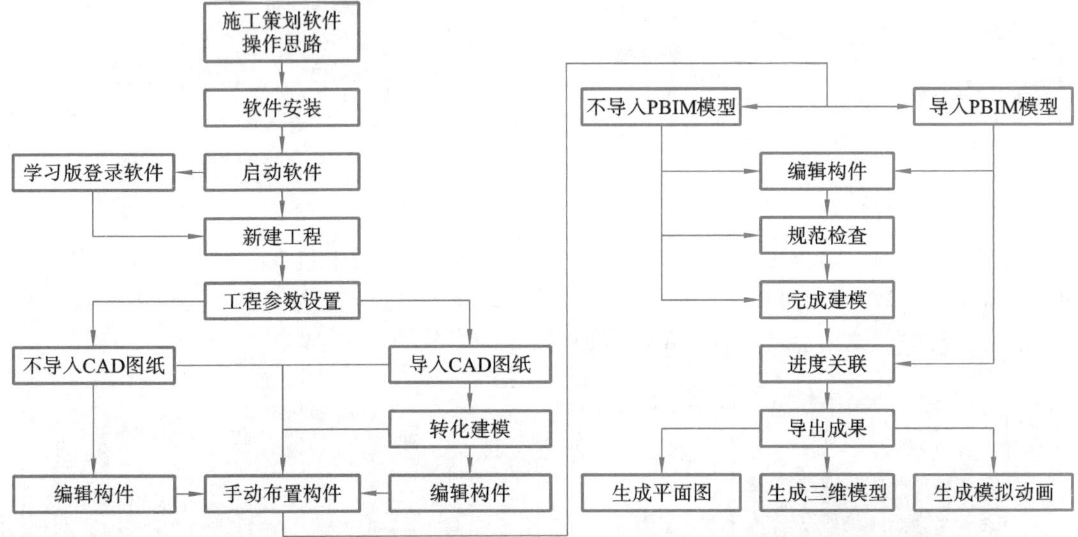

图 2-10

(2)软件安装。

①官方网站内下载软件:http://www.bim.vip。

②下载好安装包后,直接双击安装包,然后选择好安装路径,点击“立即安装”(图 2-11)。

图 2-11

(3)软件卸载。

可以在系统的“开始菜单→品茗软件→品茗三维施工策划软件”内找到卸载工具进行卸载(图 2-12)。

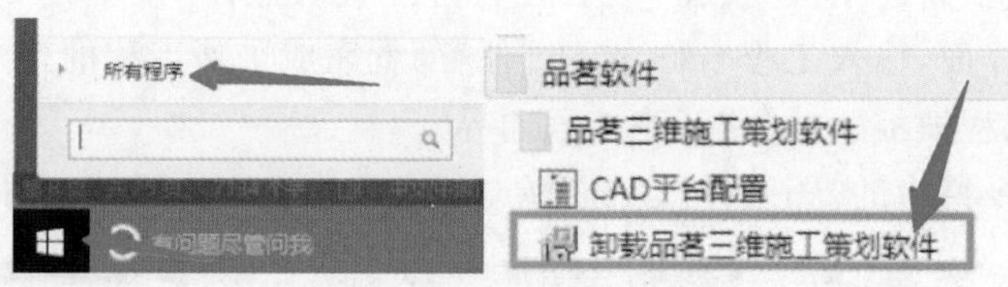

图 2-12

(4)软件启动。

软件启动可以通过双击电脑桌面的图标,或者点击系统“开始菜单→所有程序→品茗软件→品茗三维施工策划软件(文件夹)→品茗三维施工策划软件”。如图 2-13 所示。

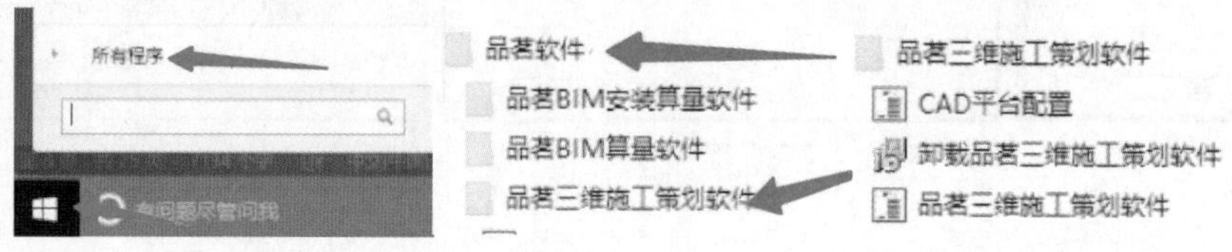

图 2-13

软件打开时就会出现欢迎界面,在该界面可打开之前建好的工程,或者新建一个工程,可以进行 CAD 平台切换和正式版的加密锁验证方式的设置。

选择已安装的“CAD 平台”→选择“打开工程”/“新建工程”/“最近打开工程...”→选择“加密锁类型”→填写“服务器 IP 地址”(图 2-14)。

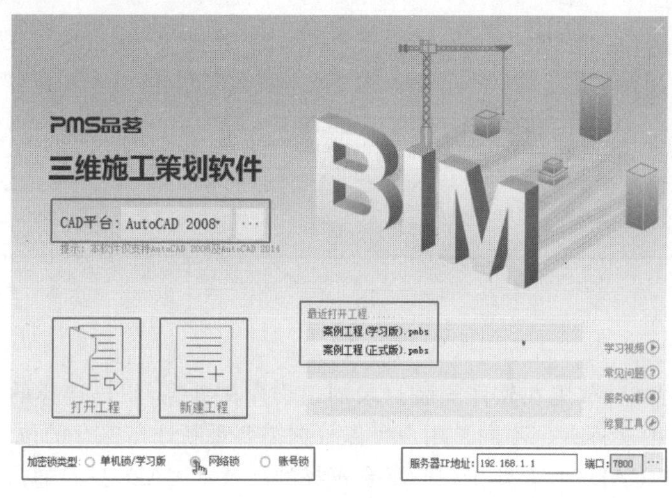

图 2-14

温馨提示

“加密锁类型”中选择“网络锁”,机房教师主机插入品茗软件锁即可正常使用,服务器 IP 地址由授课教师提供。

2.1.6 新建工程

在欢迎界面点击"新建工程"按钮,或者在打开工程后点击"菜单栏→工程→新建工程"就可以打开下面的界面,输入工程名称,点击"保存"就完成了新工程的建立。

①进入"选择工程模板",填写"新建工程向导"。

②点击常用命令栏中的"图纸导入",选择电脑磁盘中DWG图纸文件(图2-15)。

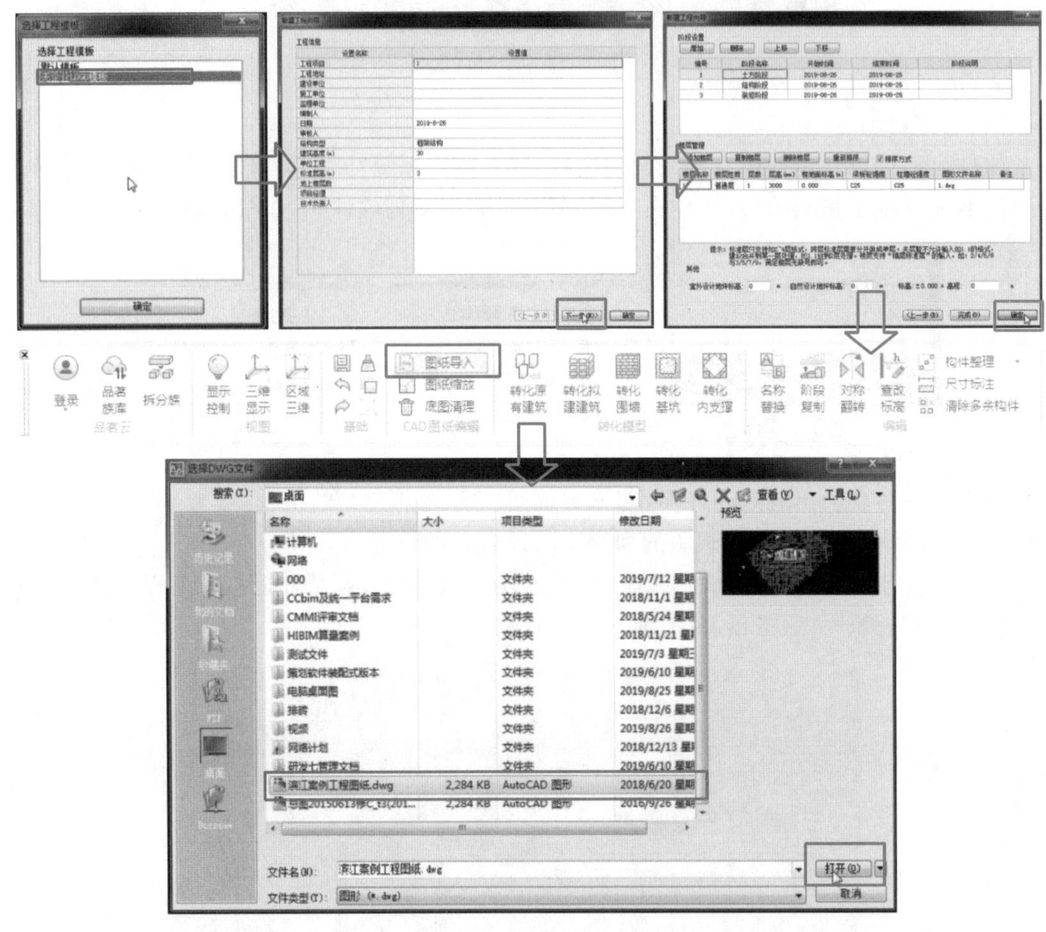

图 2-15

温馨提示

①新建的工程默认放置在软件安装目录的工程库文件夹,用户选择的CAD平台不同,放置的CAD名称的文件夹也不同。用户可以根据需要重新选择保存的位置。

②软件是基于CAD的,新建工程时平台选择的高版本CAD,只有通过另存保存成低版本的才可以在低版本CAD平台的软件上打开。

③"新建工程向导"也可选择跳过,直接点击下一步,进入软件中还可继续添加和更改工程信息。

④工程文件是与新建工程时输入的工程名称相同的整个文件夹内的所有内容。

2.1.7　工程模板

新建工程在输入工程名称并保存后就会打开“选择工程模板”的界面(图 2-16),工程模板是指用户已经完成了一个工程的布置,希望能够在新建的工程中快速使用已完成工程的构件,减少重复修改构件属性的工作量,提高效率。在完成的工程内点击“菜单栏→工具→保存工程模板”命令,就可以保存一个新的工程模板了,在新建工程时可以选择工程模板,直接导入工程模板内的所有构件。

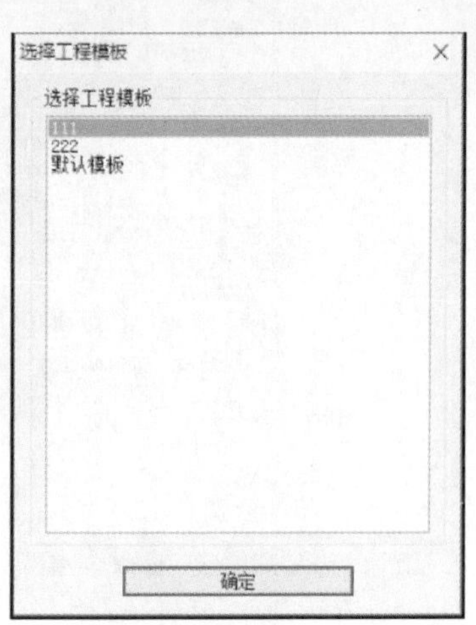

图 2-16

2.1.8　工程信息

(1)新建工程向导(图 2-17)。

新建工程向导内的工程信息主要用在最后生成平面图时自动生成的图框中,除了工程项目是必填项,其他的都可以不调整。如果新建工程时没有设置相关内容,可以在后面通过“菜单栏→工程→工程设置”来重新设置。

新建工程向导

工程信息

设置名称	设置值
工程项目	87
工程地址	
建设单位	
施工单位	
监理单位	
编制人	
日期	2017-3-1
审核人	
结构类型	框架结构
建筑高度(m)	30
单位工程	
标准层高(m)	3
地上楼层数	
项目经理	
技术负责人	

<上一步(B)　下一步(N)>　确定

图 2-17

(2)楼层阶段管理(图 2-18)。

楼层阶段管理中阶段设置包含软件内各层的相关信息,主要在导入 PMbim 模型时使用,软件内基坑、拟建建筑、地形等都布置在第一层,所以建议不修改。“自然设计地坪标高”这个参数是作为多数构件的默认标高参数使用的,“标高±0.000”(高程多少米)是设置地形使用的。

楼层阶段管理的阶段设置根据自己的需要设置开始时间和结束时间，可以在后面的进度关联里快速地设置部分构件的起始时间。如果新建工程时没有设置相关内容，可以在后面通过“菜单栏→工程→工程设置”来重新设置。

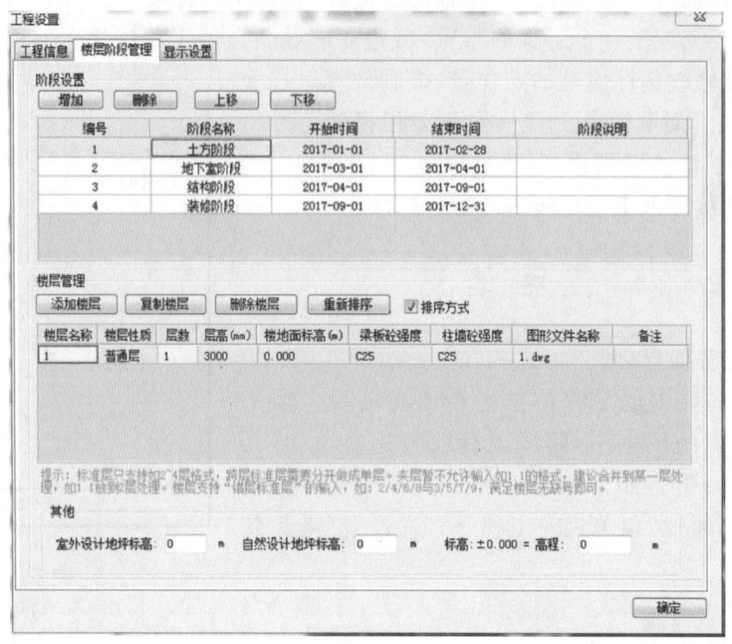

图 2-18

2.1.9 图纸比例

点击常用命令栏中的“图纸缩放”，鼠标指向 CAD 底图的标注，并出现“选择标注或标注的文字”，鼠标左键点击该标注，根据命令栏提示选择是否做比例更改。如图 2-19 所示。

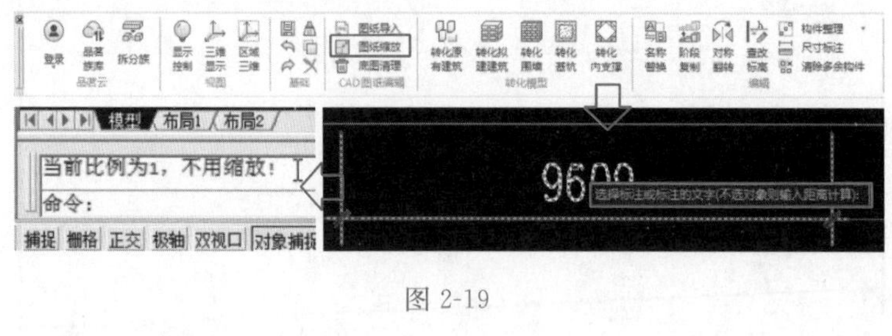

图 2-19

2.1.10 小节习题

①什么是场地布置？

②请简述软件基本操作流程。

③构件布置区中包含了哪些功能和命令？

④新建一个名为“场布工程 1”的项目，合理拟定项目基本信息并保存。

笔 记 页	
提示(Cues)	笔记(Notes)
总结(Summary)	

笔　记　页	
提示(Cues)	笔记(Notes)
总结(Summary)	

2.2　土方阶段的绘制与编辑

2.2.1　基坑绘制与编辑

(1)自由绘制(图 2-20)。

①点击“构件布置区”中的“土方构件”选项卡，点开“基坑绘制”，会出现“自由绘制”“矩形布置”“转化基坑”这 3 种绘制方式。

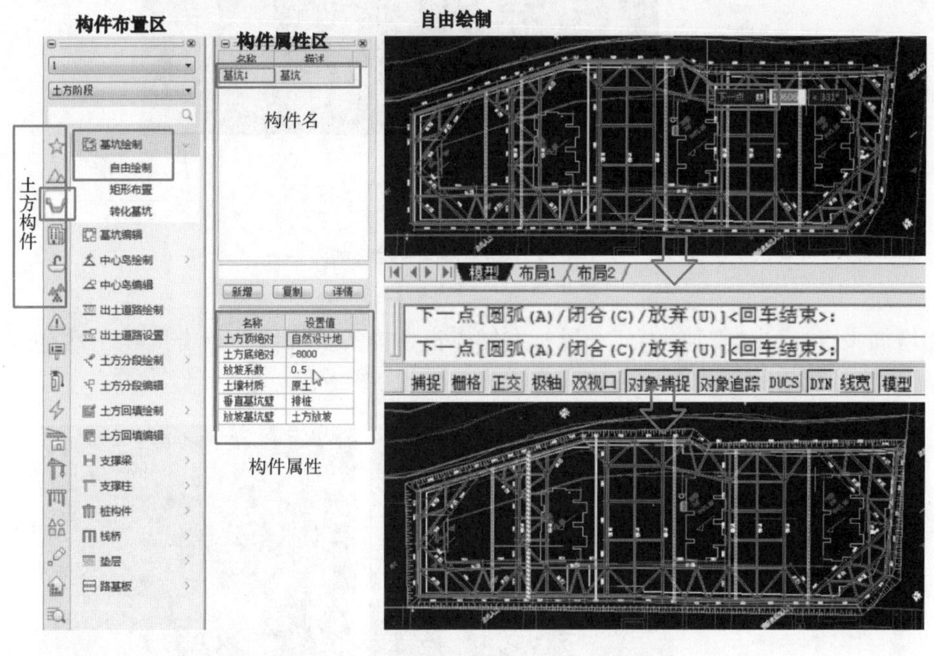

图 2-20

②选择“自由绘制”，在“构件属性区”中编辑构件名称和构件描述。

③在 CAD 底图基坑界线的转角处连续点击鼠标左键进行绘制，键入 A 可激活“圆弧(A)”命令来绘制弧线界线。

④点击“回车”键结束绘制，出现黄色基坑边坡线即完成绘制。

(2)矩形布置。

与自由绘制操作类似，不赘述。

2.2.2　转 化 基 坑

①点击“转化基坑”命令。

②鼠标选中 CAD 底图中封闭线条，点击鼠标右键直接生成黄色基坑边坡线(图 2-21)。

温馨提示

使用“转化基坑”命令的前提是 CAD 底图中有一根封闭线条作为该命令的放样线。

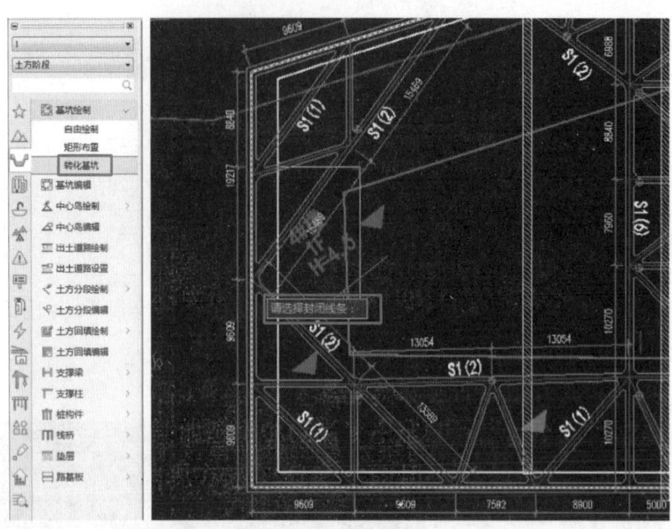

图 2-21

2.2.3 基坑编辑

①增加夹点：点击“增加夹点”→鼠标左键点击选择的基坑线→点击鼠标左键，可在鼠标位置增加夹点，利用增加的夹点改变基坑边界线形状(图 2-22)。

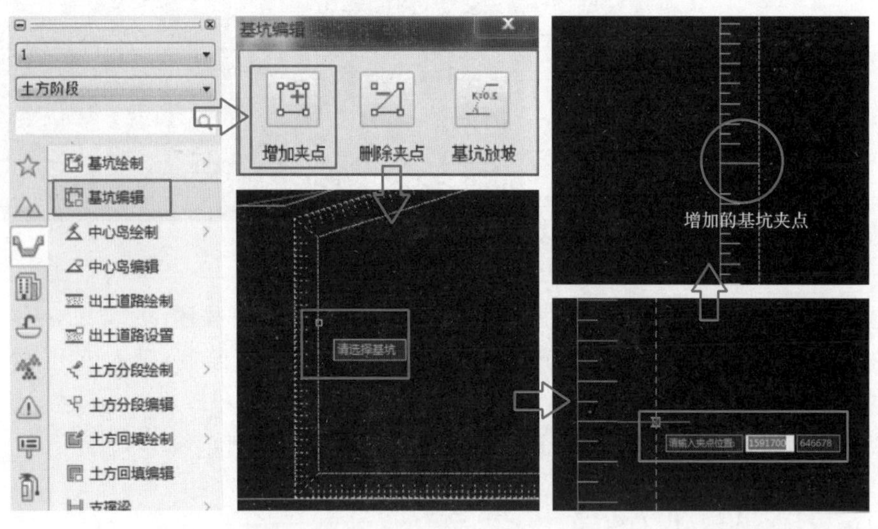

图 2-22

②删除夹点：与增加夹点操作类似。

2.2.4 基坑放坡

点击“基坑放坡”→选中基坑边坡→右键“确定”→边坡呈单线编辑状态→选中一根或多根→右键“确定”→在弹出的“土方放坡设置”中选择放坡阶数与放坡数据(图 2-23)。

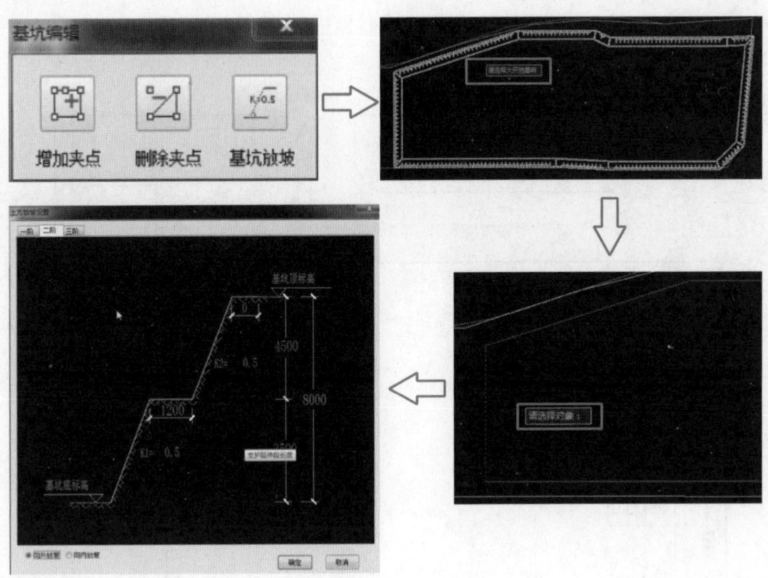

图 2-23

2.2.5　小节习题

①请简述自由绘制与转化基坑的区别。

②在编辑基坑边界线时，如何增加和删除夹点？

③图 2-24 中拟建建筑物的基坑挖土深度为 4 m，按 1∶0.7 的自然放坡比例，请在软件中完成下页图纸。

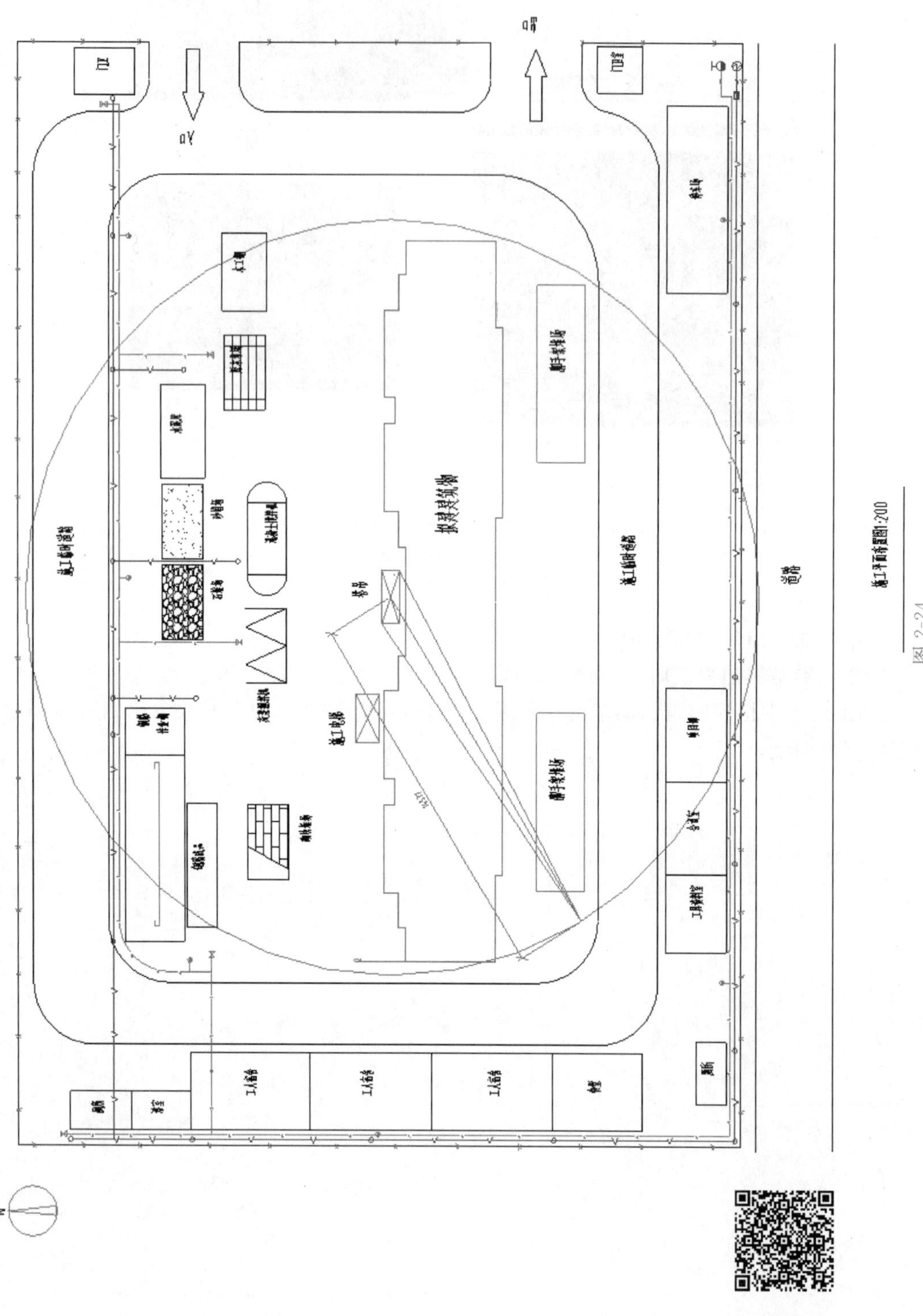

图 2-24

图纸

笔　记　页	
提示(Cues)	笔记(Notes)
总结(Summary)	

笔　记　页	
提示(Cues)	笔记(Notes)
总结(Summary)	

2.3　建构筑物的绘制与编辑

2.3.1　硬化地面

①点击“构件布置区”中的“建构筑物”选项卡，选择“硬化地面”。

②在“构件属性区”中编辑地面属性。鼠标双击“构件属性区”最下方的图例区，可展开预览效果图。

③在绘图区依次点击硬化地面的边界拐点，最后点击鼠标右键确认，完成环形绘制。点击“常用命令栏”中的“三维显示”，可全图三维预览(图 2-25)。

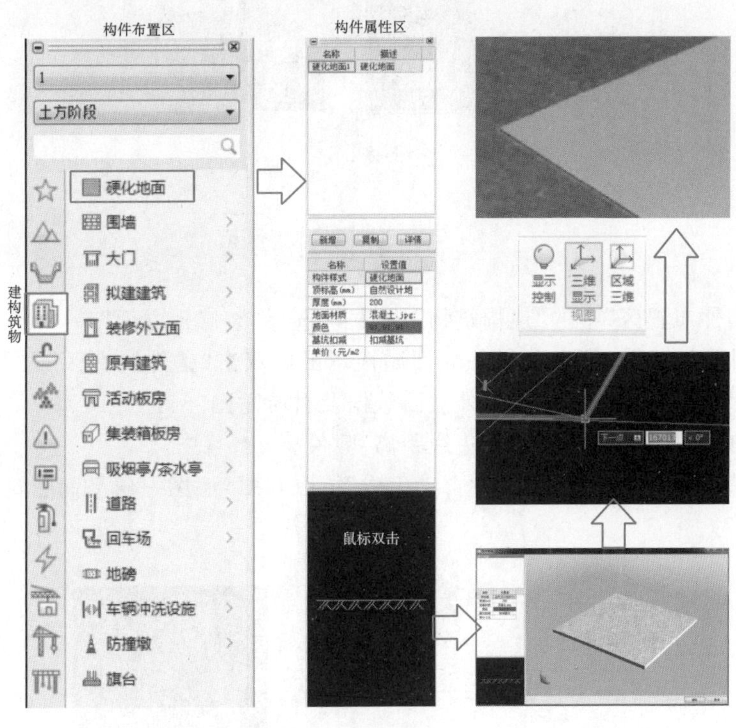

图 2-25

2.3.2　大　　门

①点击“构件布置区”中的“建构筑物”选项卡，选择“大门”之一，以“矩形门梁大门”为例。

②在“构件属性区”中编辑大门属性。鼠标双击“构件属性区”最下方的图例区，可展开预览效果图，可编辑具体尺寸及材质贴图。

③在平面图中点击即可放置，大门若放置在与围墙重合的位置，围墙将会被自动扣减。

温馨提示

其他大门与“矩形门梁大门”的绘制方法相同(图 2-26)。

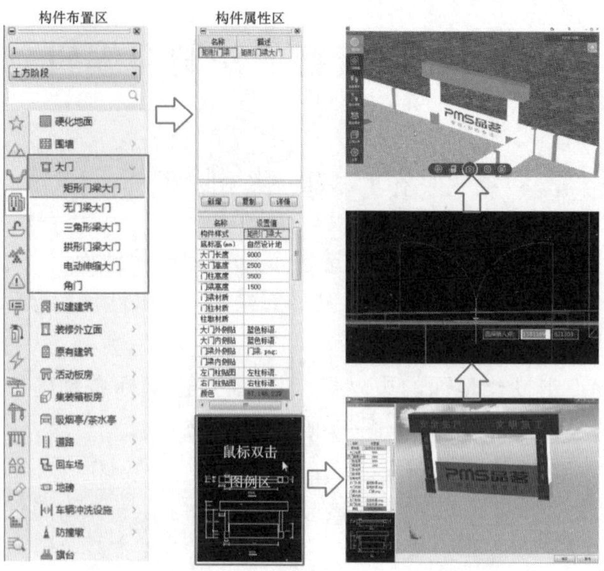

图 2-26

2.3.3 装修外立面

①点击"构件布置区"中的"建构筑物"选项卡,选择"装修外立面"。

②在"构件属性区"中编辑装修外立面属性。鼠标双击"构件属性区"最下方的图例区,可展开预览效果图,可编辑具体装修外立面数据及材质贴图。

③在绘图区左上角选择"离建筑边线距离"数值。

④用"手动绘制"连续单击,或用"自动生成"拾取CAD底图一层平面图轮廓线并右键直接生成(图 2-27)。

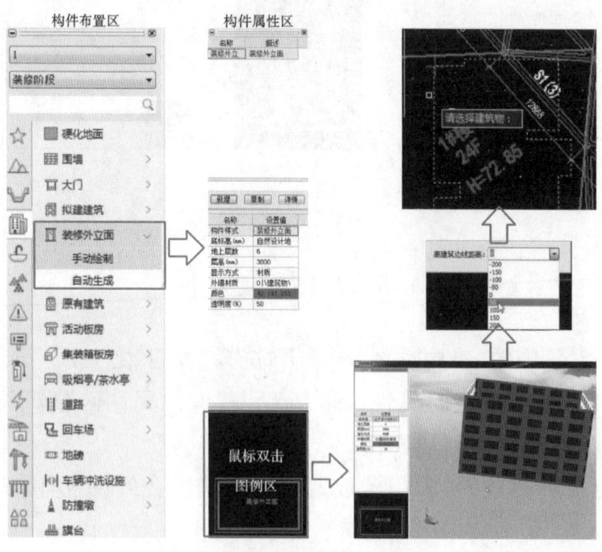

图 2-27

2.3.4　活动板房

①点击“构件布置区”中的“建构筑物”选项卡，选择“活动板房”中的“单双层板房”。

②在“构件属性区”中编辑活动板房属性。鼠标双击“构件属性区”最下方的图例区，可展开预览效果图，可编辑具体尺寸及材质贴图。

③双击预览图左侧的平面图例，可以修改具体的平面尺寸。

④在绘图区中点击即可放置(图 2-28)。

温馨提示

其他活动板房与“单双层板房”的绘制方法相同。

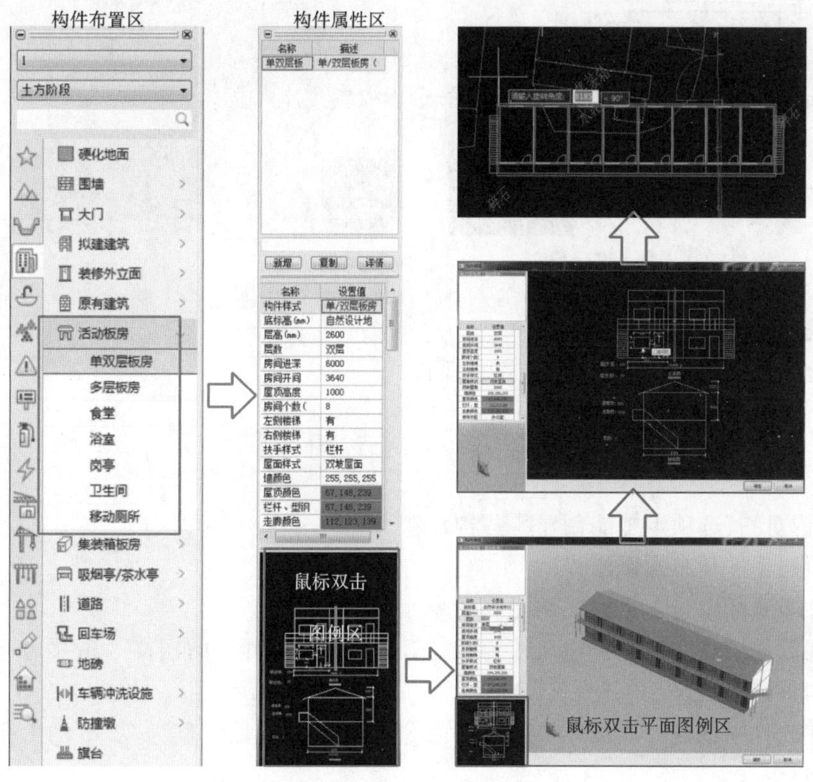

图 2-28

2.3.5　道　　路

①点击“构件布置区”中的“建构筑物”选项卡，选择“道路”中的“施工道路”。

②在“构件属性区”中编辑施工道路属性。鼠标双击“构件属性区”最下方的图例区，可展开预览效果图，可编辑具体尺寸及材质贴图。

③在平面图中连续点击即可设置道路路径线，点击鼠标右键生成道路。

④若需要创建弧形转弯道路，可输入 A 键，确定转弯半径后点击鼠标右键，生成弧形转弯道路(图 2-29)。

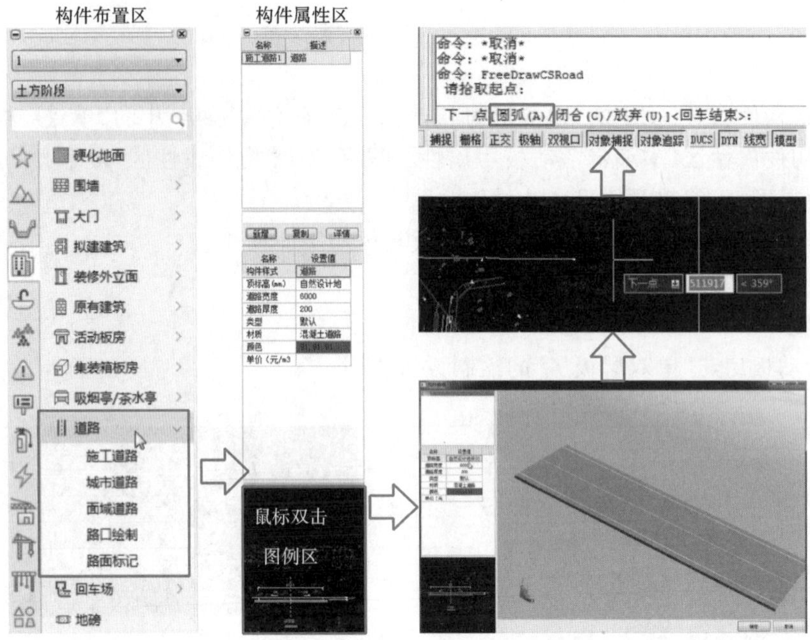

图 2-29

温馨提示

其他道路与“施工道路”的绘制方法相同。

2.3.6 小节习题

①“建构筑物”选项卡中能创建哪些构件?

②请简述软件基本操作流程。

③构件布置区中包含了哪些功能和命令?

④请在软件中绘制一栋长边尺寸为 35 m,短边尺寸为 12 m,层高 3 m 的 6 层钢筋混凝土框架结构拟建建筑。

⑤请在软件中创建一段弧形转弯半径为 5 m,平直段道路长度为 25 m 的 L 形双向车道混凝土道路。

笔　记　页	
提示(Cues)	笔记(Notes)
总结(Summary)	

笔　记　页	
提示(Cues)	笔记(Notes)
总结(Summary)	

2.4 材料堆场

2.4.1 堆 场

①点击“构件布置区”中的“材料堆场”选项卡，选择“木方堆场”。

②在“构件属性区”中编辑木方堆场属性。鼠标双击“构件属性区”最下方的图例区，可展开预览效果图，可编辑具体尺寸。

③在平面图中点击某个位置即可生产(图 2-30)。

温馨提示

其他堆场与“木方堆场”的绘制方法相同。各类堆场位置应按照施工组织设计总平面布置图的具体要求来设置。

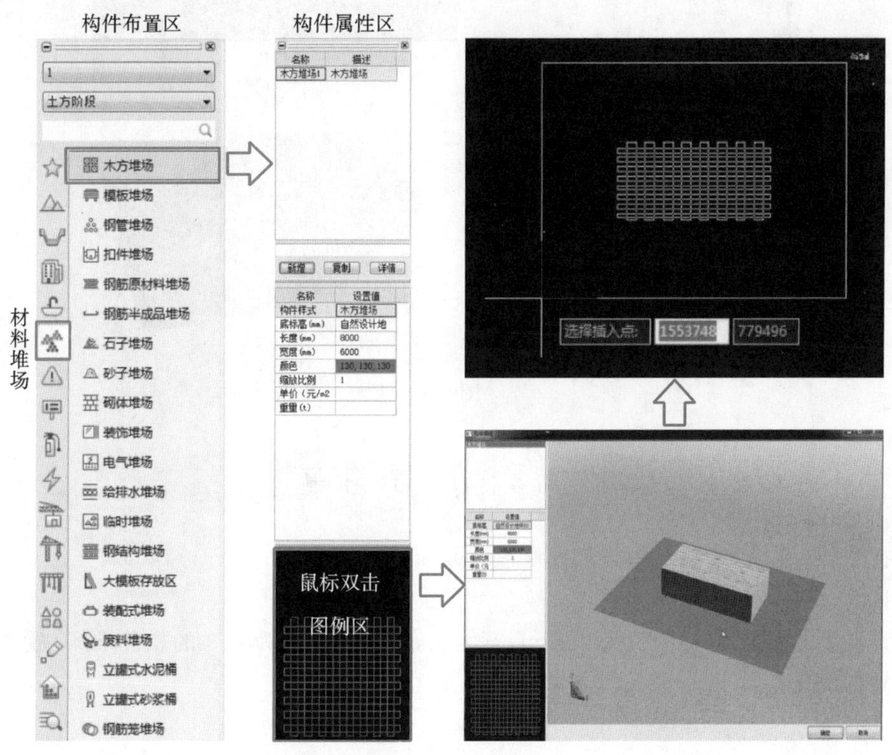

图 2-30

2.4.2 堆场范围

①点击“构件布置区”中的“材料堆场”选项卡，选择“堆场范围”。

②在绘图区“选择一个或多个同种堆场”。

③连续点击鼠标左键绘制范围，点击鼠标右键形成封闭区域，即堆场范围区域(图2-31)。

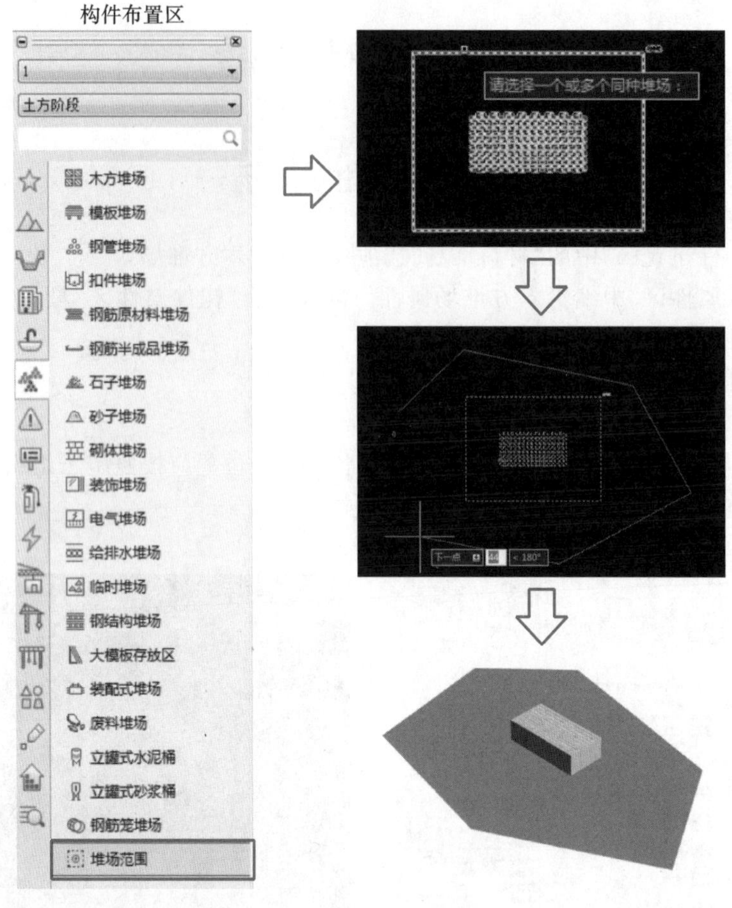

图 2-31

2.4.3 小节习题

①在“材料堆场”选项卡中能创建哪些堆场?

②请简述各材料堆场的共同点。

③请在软件中创建一个长为 3.5 m,宽为 2 m,缩放比例为 0.9 的扣件堆场,放置在自然设计地坪标高上。

笔　记　页	
提示(Cues)	笔记(Notes)
总结(Summary)	

笔　记　页	
提示(Cues)	笔记(Notes)
总结(Summary)	

2.5　安全防护工程

2.5.1　防护棚/加工棚

①点击“构件布置区”中的“安全防护”选项卡，选择“防护棚/加工棚”中的“多排型钢立柱式防护棚”。

②在“构件属性区”中编辑防护棚属性。鼠标双击“构件属性区”最下方的图例区，可展开预览效果图，可编辑具体尺寸及材质贴图。

③双击预览图左侧的平面图例，可以修改具体的平面尺寸。

④在平面图中点击鼠标即可放置(图 2-32)。

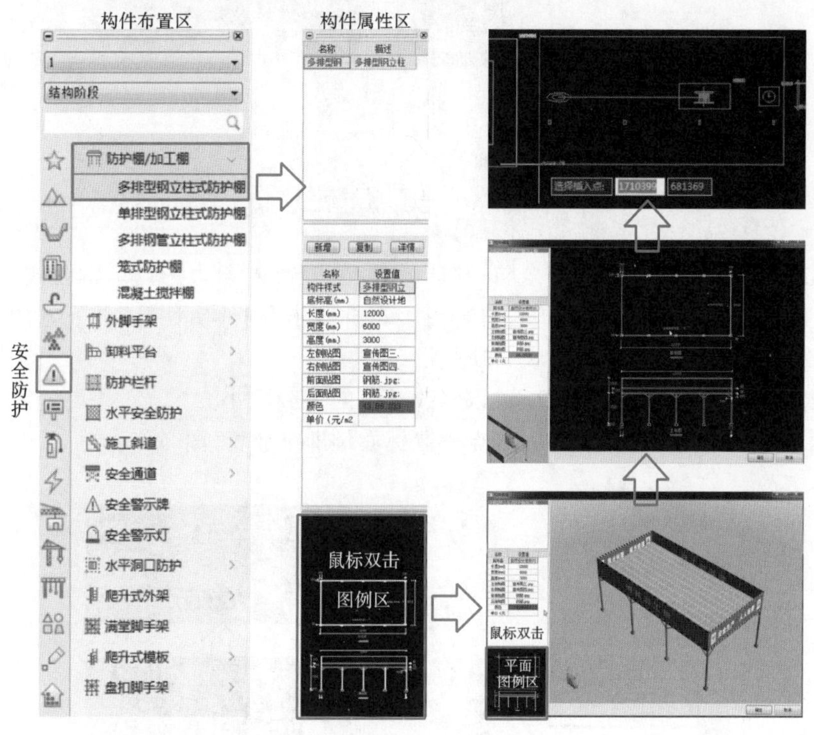

图 2-32

2.5.2　卸料平台

①点击“构件布置区”中的“安全防护”选项卡，选择“卸料平台”中的“型钢悬挑卸料平台”。

②在“构件属性区”中编辑卸料平台属性。鼠标双击“构件属性区”最下方的图例区，可展开预览效果图，可编辑具体尺寸及底标高。

③双击预览图左侧的平面图例，可以修改具体的构造尺寸。

④在平面图中点击鼠标即可放置(图 2-33)。

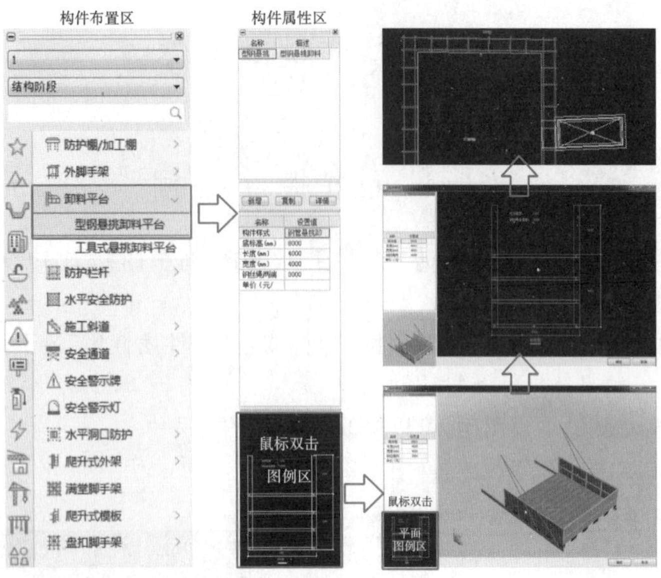

图 2-33

2.5.3 防护栏杆

①点击“构件布置区”中的“安全防护”选项卡,在“防护栏杆”中选择“钢管式”。

②在“构件属性区”中编辑防护栏杆属性。鼠标双击“构件属性区”最下方的图例区,可展开预览效果图,可编辑具体尺寸及材质贴图。

③双击预览图左侧的平面图例,可以修改具体的构造尺寸。

④在平面图中点击鼠标绘制路径,点击鼠标右键即可放置(图 2-34)。

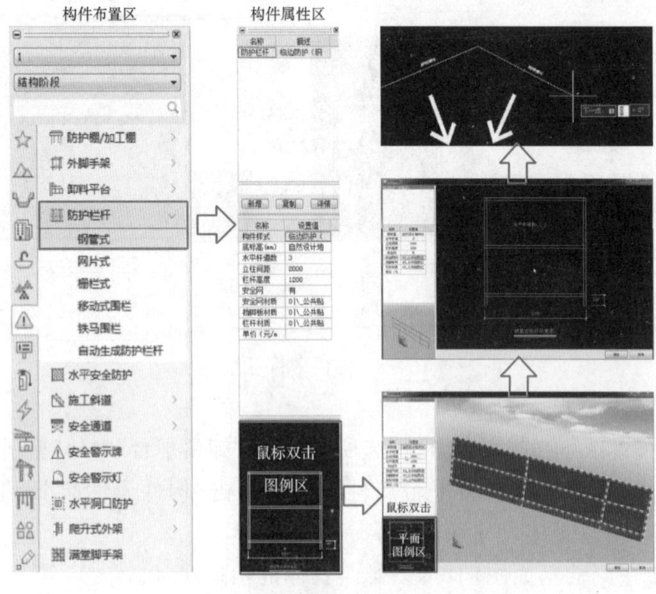

图 2-34

2.5.4　水平安全防护

①点击“构件布置区”中的“安全防护”选项卡，选择“水平安全防护”。

②在“构件属性区”中编辑水平安全防护属性。鼠标双击“构件属性区”最下方的图例区，可展开预览效果图，可编辑具体尺寸及高度。

③在平面图中点击鼠标绘制路径，点击鼠标右键即可放置(图 2-35)。

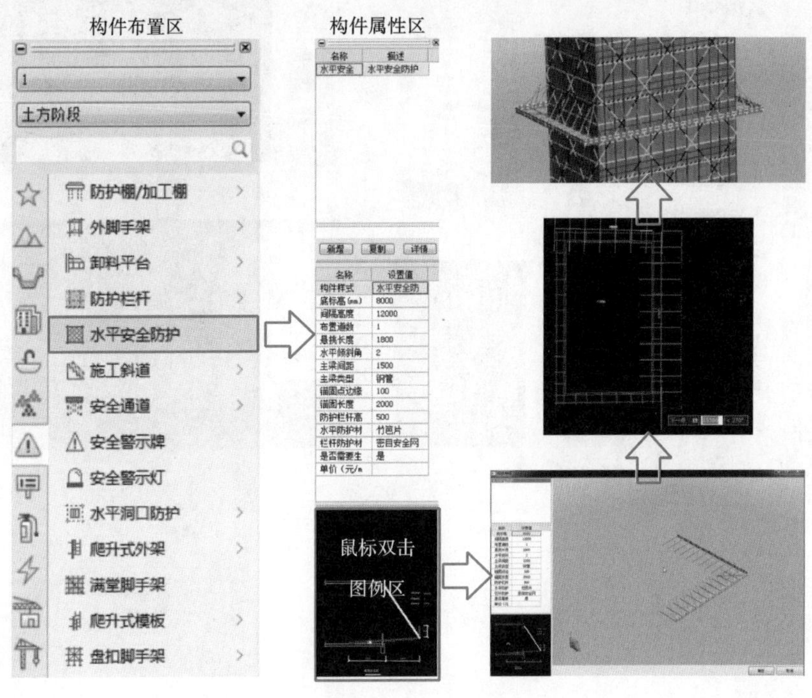

图 2-35

2.5.5　安 全 通 道

①点击“构件布置区”中的“安全防护”选项卡，选择“安全通道”中的“点选布置”。

②在“构件属性区”中编辑安全通道属性。鼠标双击“构件属性区”最下方的图例区，可展开预览效果图，可编辑具体尺寸及材质贴图。

③双击预览图左侧的平面图例，可以修改具体的构造尺寸。

④在平面图中点击鼠标确定位置和角度，点击鼠标右键即可放置(图 2-36)。

2.5.6　小 节 习 题

①在软件中绘制一栋长边尺寸为 55 m，短边尺寸为 18 m，层高 3 m 的 6 层钢筋混凝土框架结构拟建建筑，并在拟建建筑立面之外 200 mm 处，设置 1 至 3 层的落地式脚手架。

②在上题中添加安全通道，要求长度 8 m，宽度 5 m，高度 4.5 m，步距 1.5 m，通道口梁柱为蓝色，钢管为橙色。

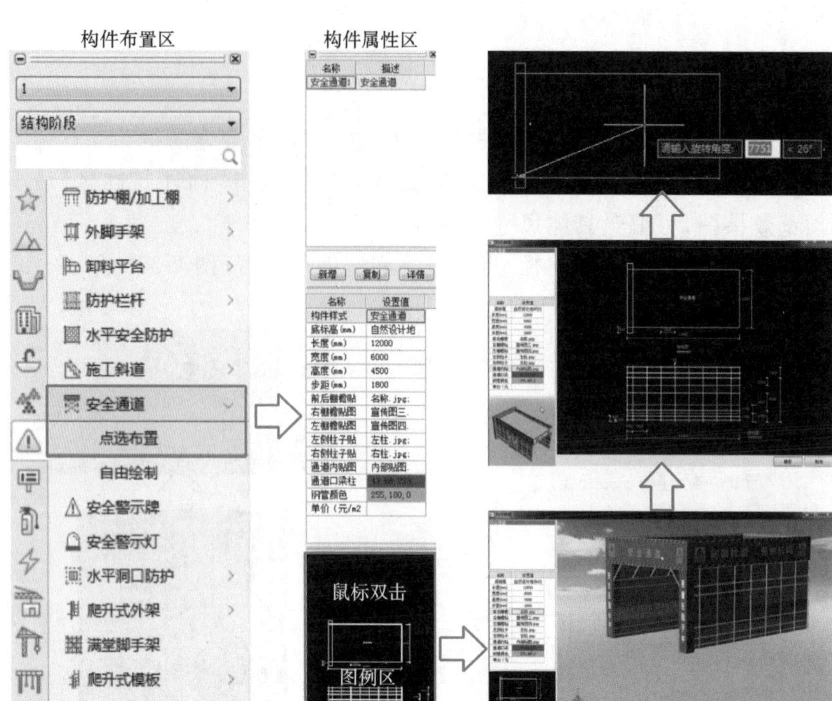

构件布置区
构件属性区
结构阶段
防护棚/加工棚
外脚手架
卸料平台
防护栏杆
水平安全防护
施工斜道
安全通道
点选布置
自由绘制
安全警示牌
安全警示灯
水平洞口防护
爬升式外架
满堂脚手架
爬升式模板
盘扣脚手架
名称
描述
新建
复制
详情
设置值
构件样式
安全通道
底标高(mm)
自然设计地
长度(mm)
12000
宽度(mm)
6000
高度(mm)
4500
步距(mm)
1800
单价(元/m2
鼠标双击
图例区

图 2-36

笔　记　页	
提示(Cues)	笔记(Notes)
总结(Summary)	

笔　记　页	
提示(Cues)	笔记(Notes)
总结(Summary)	

2.6　施工机械设备

2.6.1　塔　　吊

①点击“构件布置区”中的“机械设备”选项卡，选择“平顶塔吊”。

②在“构件属性区”中编辑塔吊属性。鼠标双击“构件属性区”最下方的图例区，可展开预览效果图，可编辑附墙间距、材质贴图及各阶段的塔身高度。

③在平面图中点击鼠标确定位置，点击鼠标右键即可放置（图 2-37）。

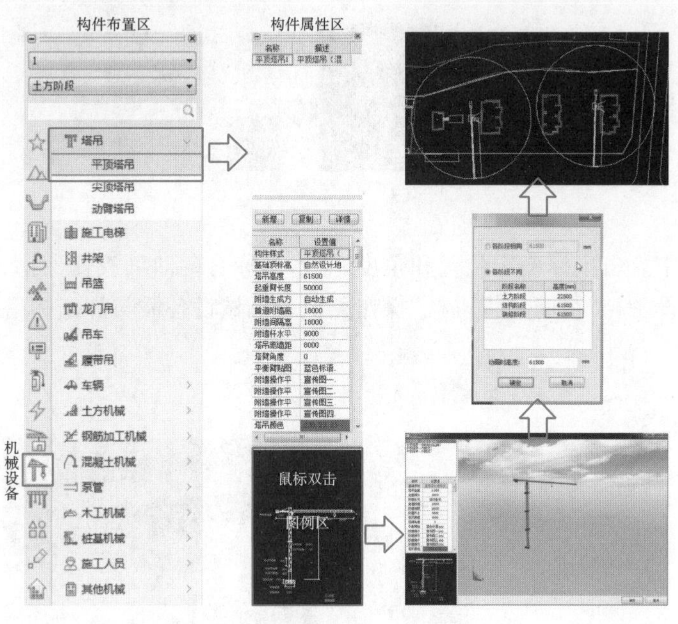

图 2-37

2.6.2　施 工 电 梯

①点击“构件布置区”中的“机械设备”选项卡，选择“施工电梯”。

②在“构件属性区”中编辑施工电梯属性。鼠标双击“构件属性区”最下方的图例区，可展开预览效果图，可编辑附墙间距、防护网及高度。

③在平面图中点击鼠标确定位置和角度，点击鼠标右键即可放置（图 2-38）。

2.6.3　钢筋加工机械

①点击“构件布置区”中的“机械设备”选项卡，选择“钢筋加工机械”。

②在“构件属性区”中编辑钢筋加工机械属性。鼠标双击“构件属性区”最下方的图例区，可展开预览效果图，可编辑具体尺寸和材质贴图。

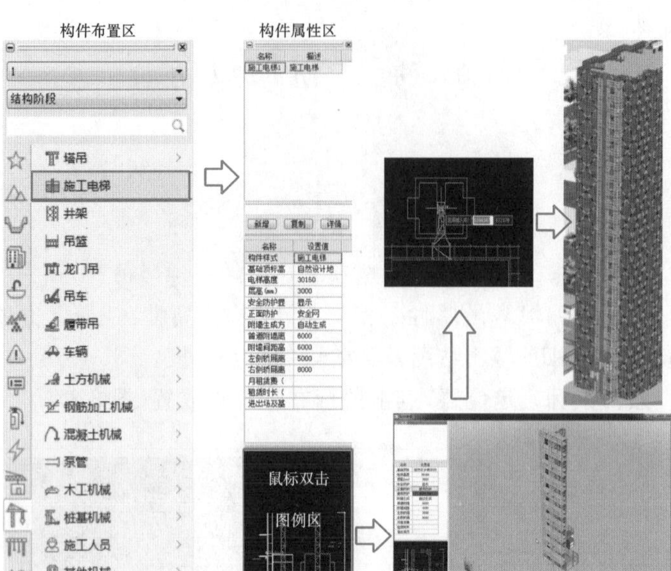

图 2-38

③在平面图中点击鼠标确定位置和角度，点击鼠标右键即可放置(图 2-39)。

④其他机械设备与“钢筋加工机械”操作类似。机械设备需与加工棚搭配设置。

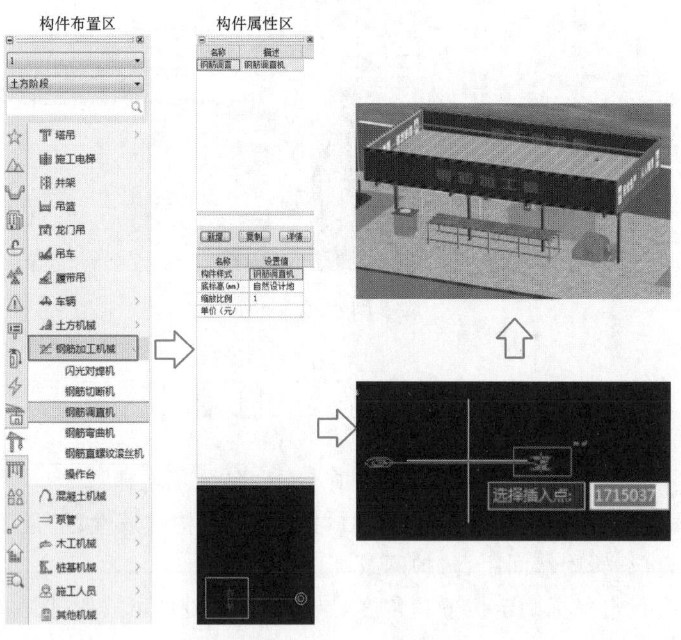

图 2-39

2.6.4 小节习题

在软件中创建一架高度为 55 m，起重臂长度为 45 m，附墙间隔高度为 12 m 的平顶塔吊。

笔　记　页	
提示(Cues)	笔记(Notes)
总结(Summary)	

笔　记　页	
提示(Cues)	笔记(Notes)
总结(Summary)	

2.7 漫　　游

2.7.1 自由漫游

①场布创建完成后，点击“常用命令栏”中的“三维显示”，进入“三维”视图界面。

②在界面左侧开启“自由漫游”，点击界面右上方的“视频录制”按钮即可弹出界面下方的录制开关。

③双击界面右上方的“小地图”，可以将视野切换到双击位置。

④调整好初始位置、视线方向和视线高度，点击界面下方的“REC”视频录制按钮，根据界面右下方的“操作说明”，按“W”“S”“A”“D”键前、后、左、右移动，按“PgUp”“PgDn”键调整飞升和下降的视野高度，前后滚动“鼠标滚轮”调整移动速度。

⑤录制完成后点击“停止”按钮，软件会自动弹出录制视频界面(图 2-40)。

图 2-40

2.7.2 路径漫游

①点击“常用命令栏”中的“三维显示”，进入“三维”视图界面。

②在界面左侧开启“路径漫游”。

③双击界面右上方的“小地图”，可以将视野切换到双击位置。

④点击下方“新建”，输入“路径名称”。

⑤调整为顶视图,点击"绘制漫游路径"命令,在"三维"界面点击鼠标左键绘制摄影机路径。

⑥点击"调整路径高度"按钮,选中漫游路径拐点,在弹出的"高度"对话框中输入视野高度。

⑦点击"播放"展示路径漫游视频,展示过程中可调节"漫游速度"。

⑧录制完成后点击"停止",软件会自动弹出录制视频界面(图 2-41)。

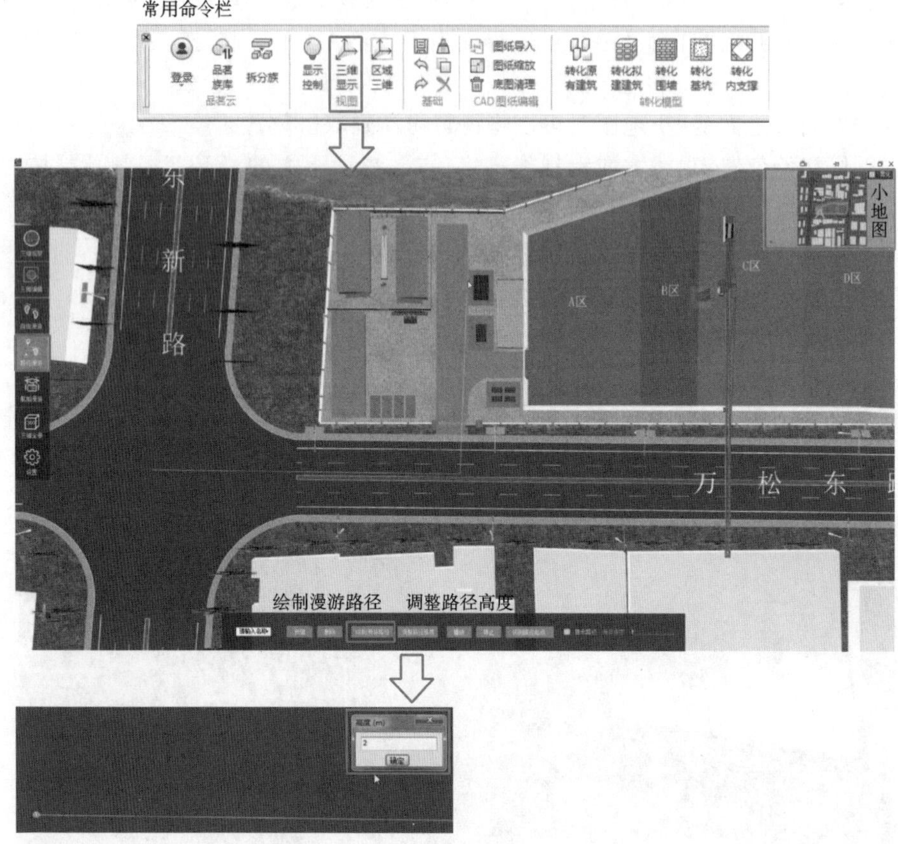

图 2-41

笔　记　页	
提示(Cues)	笔记(Notes)
总结(Summary)	

笔　记　页	
提示(Cues)	笔记(Notes)
总结(Summary)	

2.8　成果输出

2.8.1　生成平面图

①点击常用命令栏中的“生成平面图”，选择“导出样式”，在“导出构件列表”中复选构件类型，点击“确定”即可生成。

②关闭生成平面图的当前界面，弹出保存对话框，输入图纸文件名，保存在指定文件夹（图 2-42）。

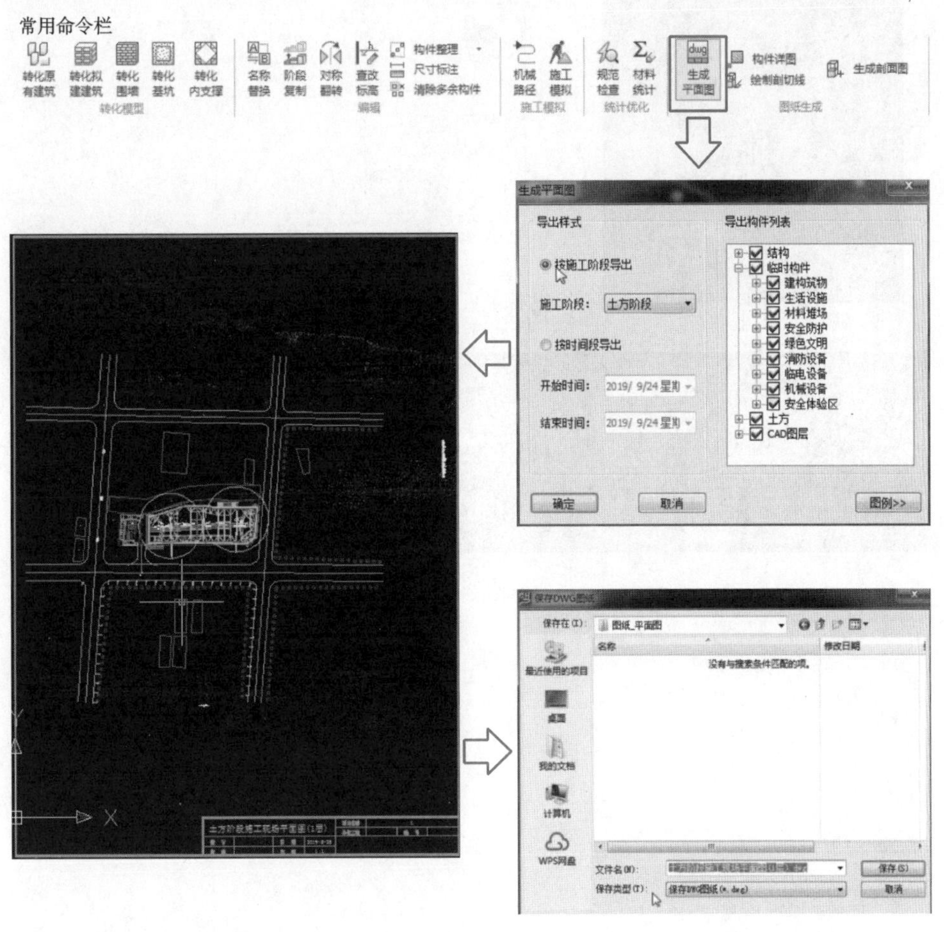

图 2-42

2.8.2　生 成 详 图

①点击常用命令栏中的“拆分族”，单选或框选平面图中的构件，点击鼠标右键确认，确认后将生成选中构件的详图。

②关闭生成详图的当前界面，弹出保存对话框，输入节点详图文件名，保存在指定文件夹(图 2-43)。

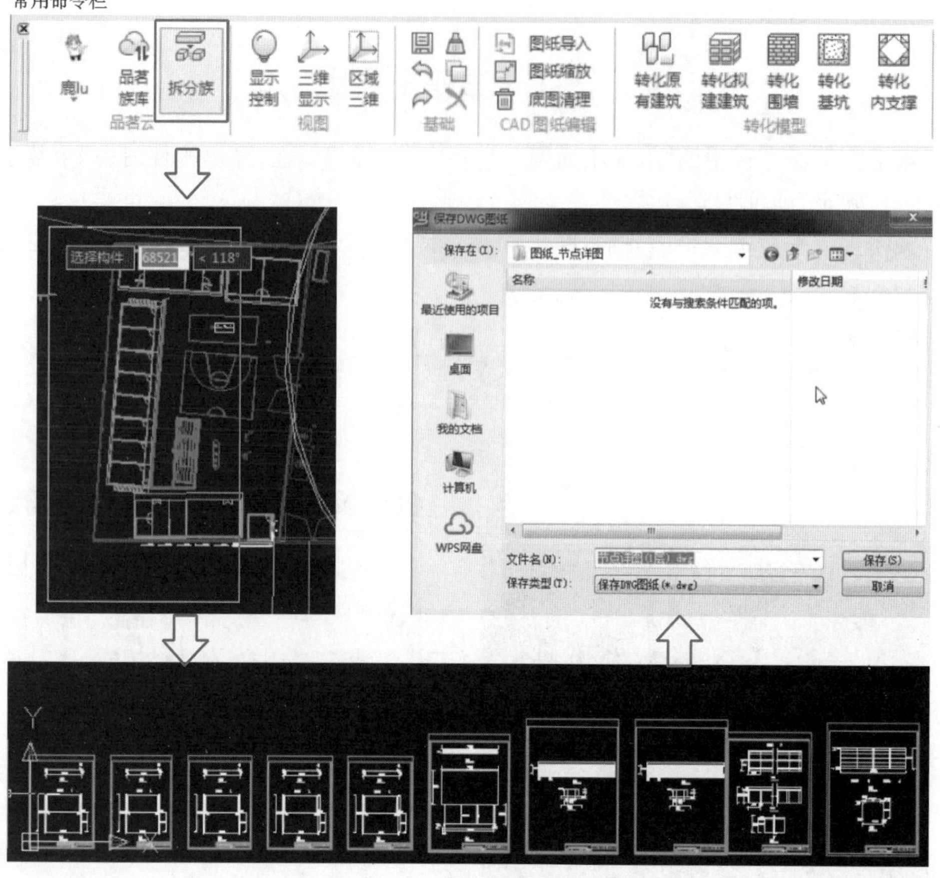

图 2-43

笔　记　页	
提示(Cues)	笔记(Notes)
总结(Summary)	

笔　记　页	
提示(Cues)	笔记(Notes)
总结(Summary)	

模块三　BIM5D

3.1 新建工程

3.1.1 任务背景

在 BIM5D 应用之初，需要新建项目并对项目的基础数据进行录入。同时，为方便他人查看，BIM5D 工程文件会根据新建时选择的保存路径自动生成项目文件包，也可将项目另存到指定路径，便于数据复制。

3.1.2 任务目标

①新建工程，完成项目信息的录入，并建立工程结构。

②新建工程后，将项目另存至电脑桌面，然后关闭软件，再打开项目文件包。

③尝试多种方式打开工程。

3.1.3 任务实施

(1)新建(图 3-1)。

①“项目概况”：根据工程概况填写此栏目。(注：* 号为必填项目。)

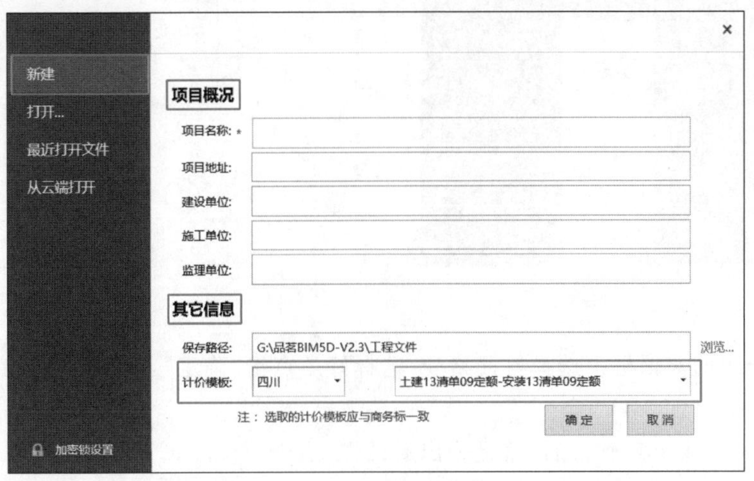

图 3-1

②“其它信息”:根据项目的实际情况在下拉菜单中选择计价模板(注:选取的计价模板应与商务标一致)。

上述参数设定完成后点击“确定”。

(2)工程结构建立(图 3-2)。

①鼠标右键单击结构树中的工程名称,可根据实际项目的组成情况进行单项工程的新建、编辑或删除。

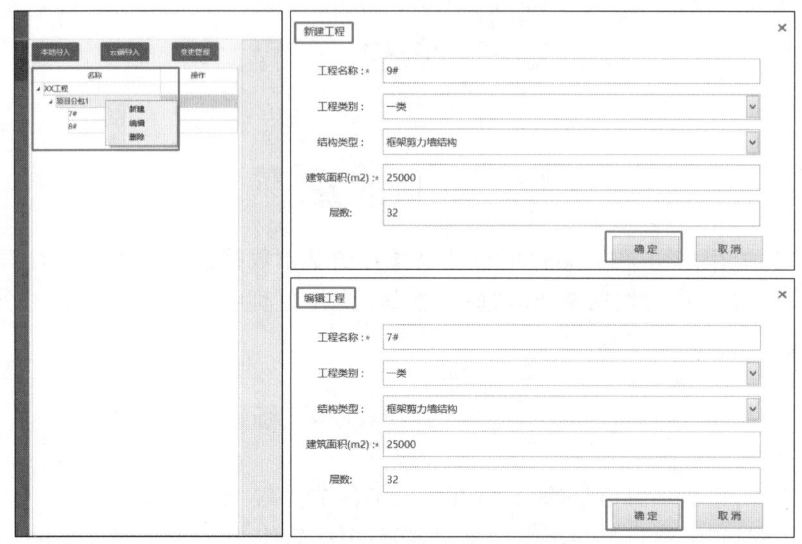

图 3-2

②参数设定完成后点击“确定”,进入“模型导入”步骤。

(3)项目另存为(图 3-3)。

①点击界面左上角“5Dbim”按钮,在下拉菜单中选择“另存为”。

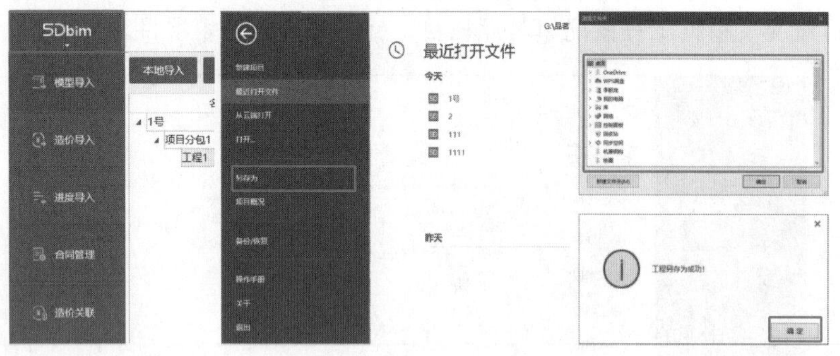

图 3-3

②在新出现的对话框中选择另存路径,选择好后点击“确定”,出现操作成功提示框。

(4)打开工程(图 3-4)。

①启动品茗 BIM5D 软件后,就会弹出对话框,点击“打开”。

②在新出现的对话框中,选择需要打开的项目所在工程位置,找到并选中项目文件包中后缀名为“. pm5d”文件,单击“打开”按钮,或者直接双击打开工程。

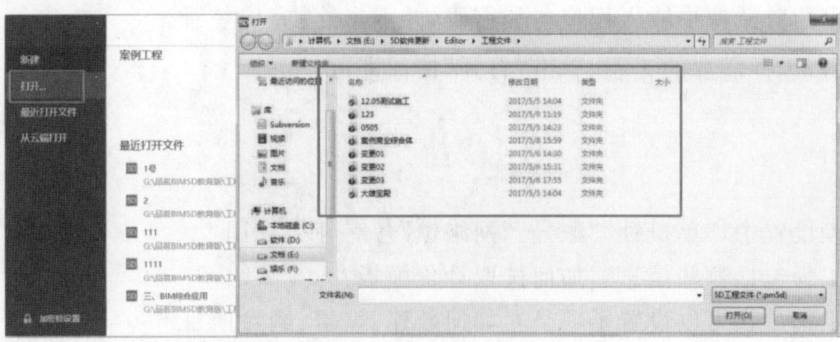

图 3-4

(5)最近打开文件(图 3-5)。

①启动品茗 BIM5D 软件后,就会弹出对话框,点击“最近打开文件”。

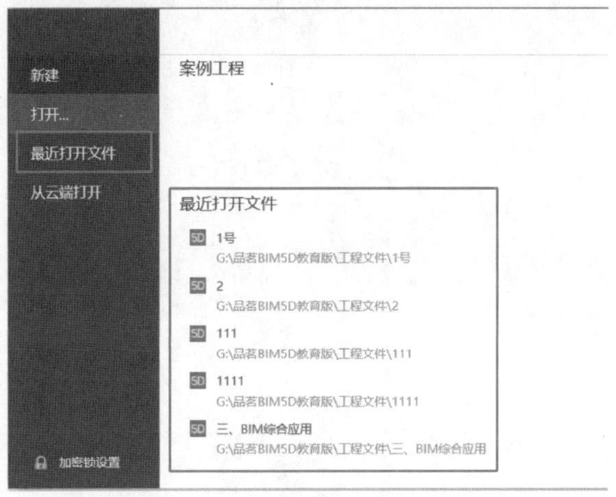

图 3-5

②在下方显示的“最近打开文件”目录中,直接点击选择目标项目名称即可打开工程。

(6)从云端打开(图 3-6)。

①启动品茗 BIM5D 软件后,就会弹出对话框,点击“从云端打开”。

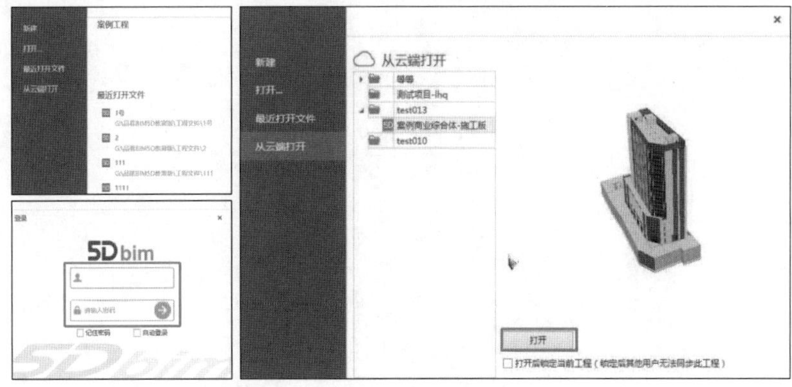

图 3-6

②在弹出的对话框中输入用户名和密码,并点击➔完成登录。

③登录后,选择需要的工程,单击"打开"按钮即可。

3.1.4 小节习题

①加密锁设置中,"单机锁""账号""网络锁"各有什么作用?

②新建工程包括哪些信息?如何选取计价模板?

③同一工程是否可以设置子项目?如何新建、编辑、删除项目?

④新建一个项目并命名为"练习工程 1",合理拟定项目基本信息并保存。

笔　记　页	
提示(Cues)	笔记(Notes)
总结(Summary)	

笔　记　页	
提示(Cues)	笔记(Notes)
总结(Summary)	

3.2 模型导入

3.2.1 任务背景

BIM5D 平台是以模型为基础，以 BIM 平台为核心，集成土建、机电、钢结构等全专业模型，实现整个项目的工程管理应用。

3.2.2 任务目标

①完成土建、钢筋模型的导入。

②学会使用变更管理，导入变更并进行新模型与旧模型的对比。

3.2.3 任务实施

(1)本地导入(图 3-7)。

①选中需要导入的单项工程，如图 3-7 所示的“8#土建”。

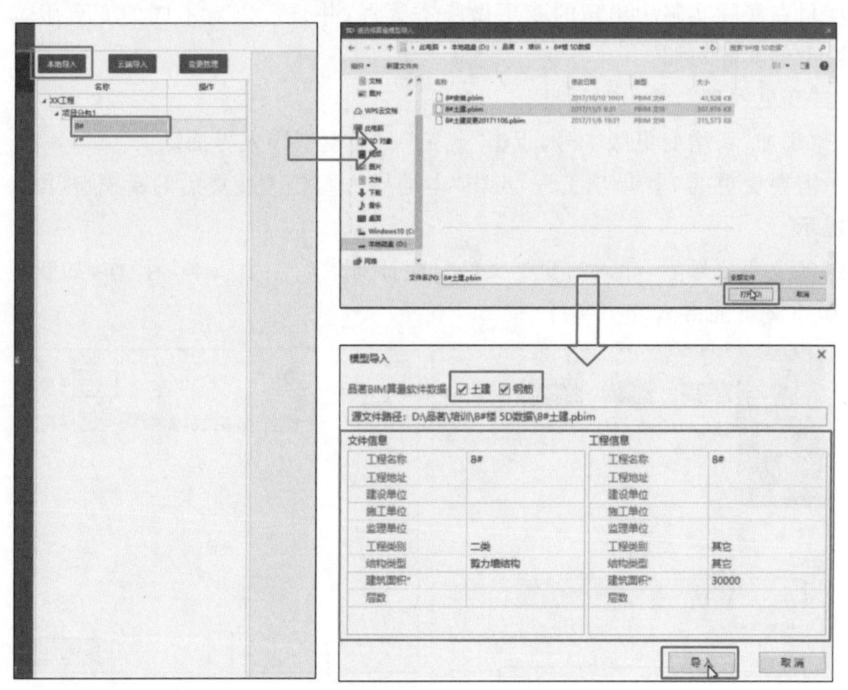

图 3-7

②点击“本地导入”，选择需要导入的工程模型点击“打开”。(注：导入支持品茗算量软件和品茗 HiBIM 导出的“.pbim”格式文件。)

③勾选需要导入的数据(土建/钢筋)，确认导入“文件信息”与单项工程的“工程信息”是

否一致，点击“导入”完成。

(2)云端导入(图 3-8)。

①选中需要导入的单项工程，如“8＃”，并点击“云端导入”。

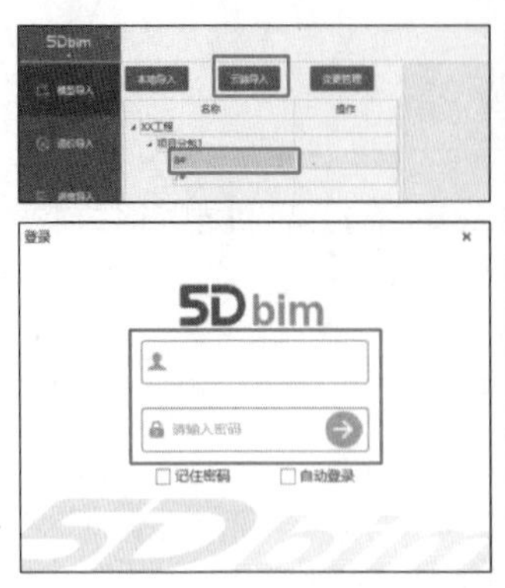

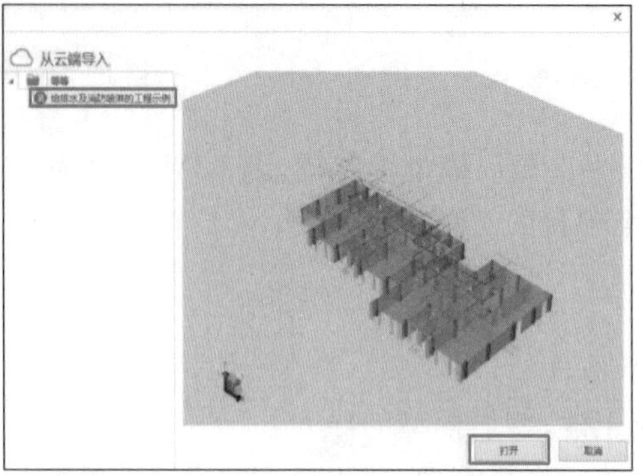

图 3-8

②在弹出的对话框中输入用户名和密码，并点击➡完成登录。

③登录成功后，选择相应专业的文件后点击“打开”即可。

(3)变更管理。

针对项目在实际实施中出现的变更做版本管理，并且可以对不同的变更版本进行工程量对比及模型的实际对照。

①点击“变更管理”，弹出对话框。

②点击“添加”新增变更版本号，点击“确定”回到模型导入界面。

③选中需要变更的 8＃单项工程，点击“本地导入”，导入变更后的新模型(图 3-9)。

温馨提示

当新建多个变更号后，导入的变更文件只能针对最后一个版本号操作，如新建版本 2 和版本 3，则版本 2 不能导入变更文件。

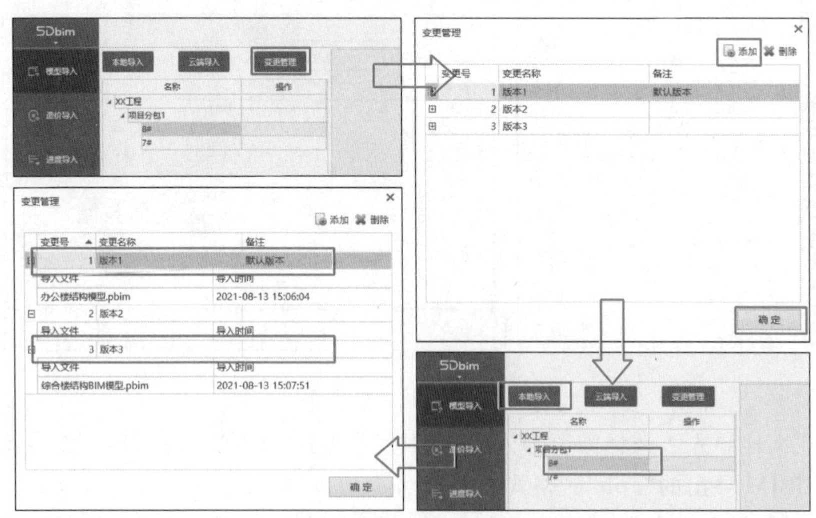

图 3-9

④新模型导入完成后点击“查看变更”。

⑤勾选需对比的两个版本，点击“确定”，弹出如图 3-10 所示的对比对话框。

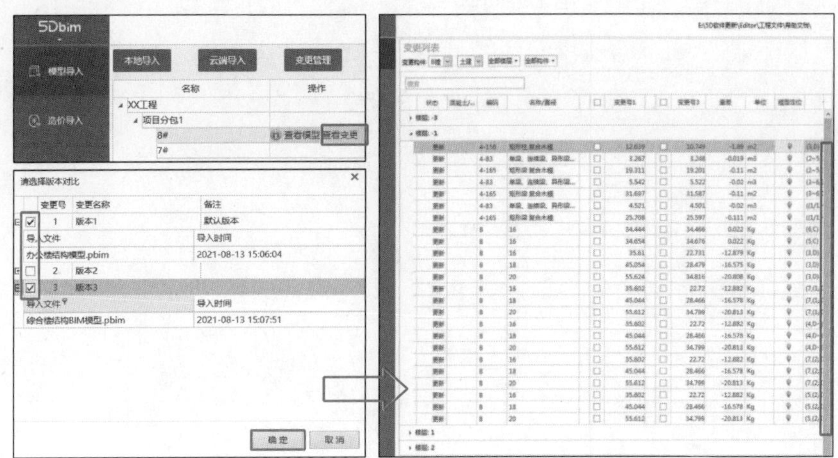

图 3-10

⑥单击图标可以对对应构件在 3D 模型中进行定位对比(图 3-11)。

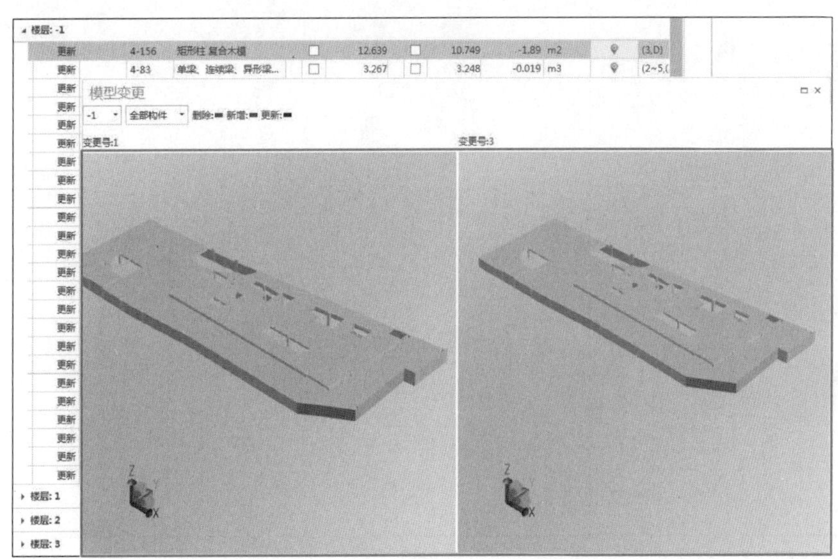

图 3-11

3.2.4　小节习题

①简述“本地导入”与“云端导入”的区别。

②数据导入中不同软件识别的导入格式不同，本软件导入格式是什么？

③通过“本地导入”导入一个工程模型，正确选择项目导入内容。

④变更工程如何导入？变更前后如何对比？

笔　记　页	
提示(Cues)	笔记(Notes)
总结(Summary)	

3.3 造价导入

3.3.1 任务背景

品茗 BIM5D 平台支持由品茗胜算软件导出的两种类型(合同预算和成本预算)的“. xml”格式文件的预算文件导入,为模型清单与预算清单匹配及关联提供接口,以支持 BIM5D 项目数据的提取和调用,实现基于 BIM 的成本管理的基础数据集成。

3.3.2 任务目标

①将合同预算和成本预算分别导入两个不同的工程项目。

②了解“实际成本编制”功能在项目过程管理中的应用。

③了解“财务收支编制”功能在项目过程管理中的应用。

3.3.3 任务实施

(1)合同预算。

①点击“导入造价”,选择需要导入的造价文件,点击“打开”。

温馨提示

导入支持品茗胜算软件导出的“. xml”格式文件。

②在新出现的对话框中选择“合同预算”和需要导入的专业工程,点击“确定”(图 3-12),弹出费率设置页面。

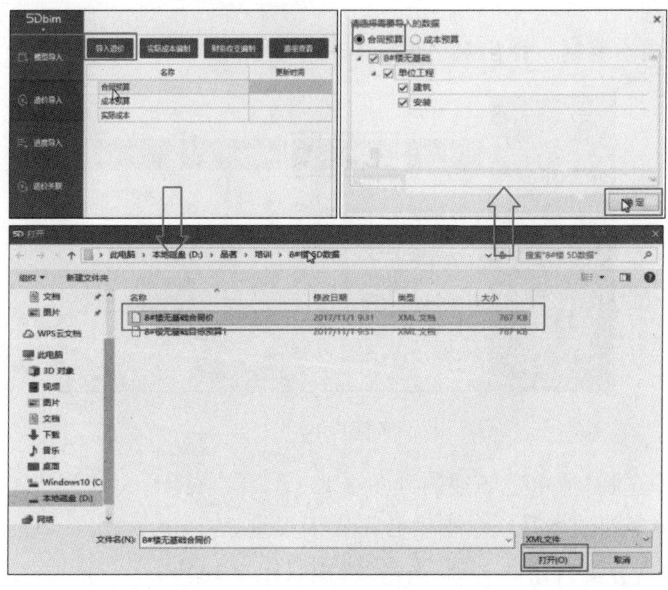

图 3-12

③费率设置需根据导入的造价文件费率按实填写，填写的费率会用于工程款申报(＊为必填项目)，填写完成后点击“确定”，完成导入(图 3-13)。

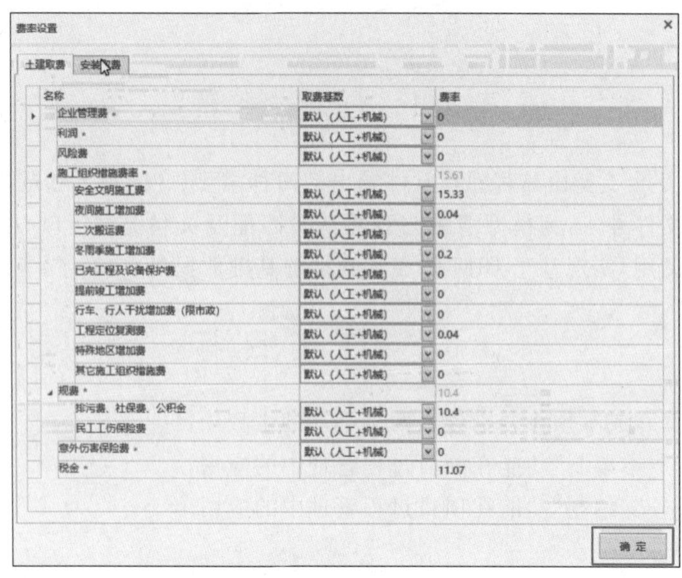

图 3-13

(2)成本预算。

操作步骤参照合同预算的步骤。

(3)实际成本编制。

实际成本是在项目运营过程中实时编制的，主要是针对项目在运营过程中的人工、材料、机械的实际用量及单价进行管理，主要用于企业内部对项目进行预算对比和成本核算，所以在数据导入阶段可以不用编制。

①清单定额编制。

a. 点击“实际成本编制”，弹出对话框(图 3-14)。

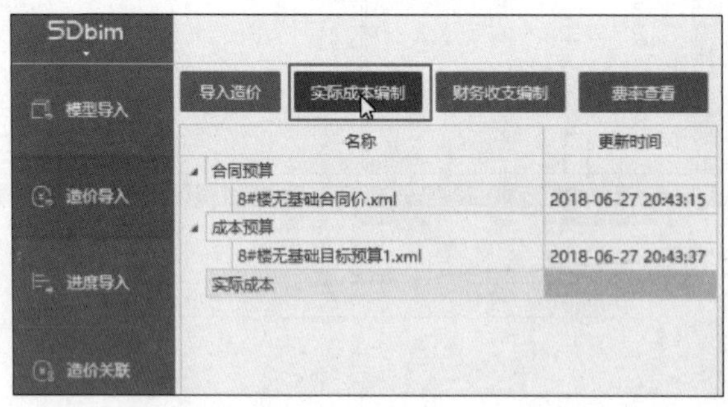

图 3-14

b. 在对话框中选择“清单定额编制”(图 3-15)。

c. 在预算清单中勾选本月或本季度已完成工程量。

d. 点击[+]输入分类目录的名称，点击“确定”(图 3-16)。

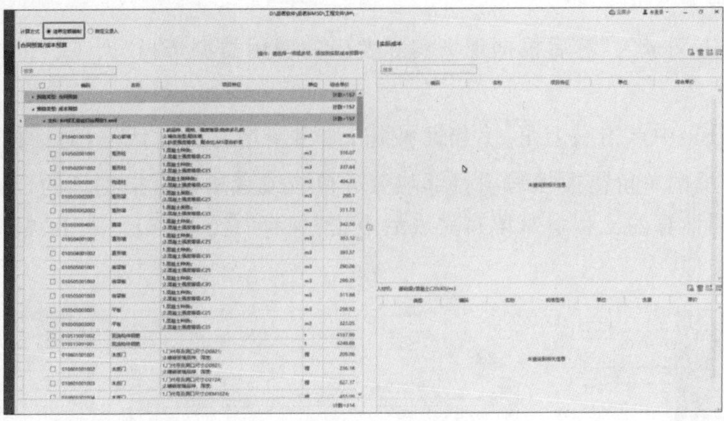

图 3-15

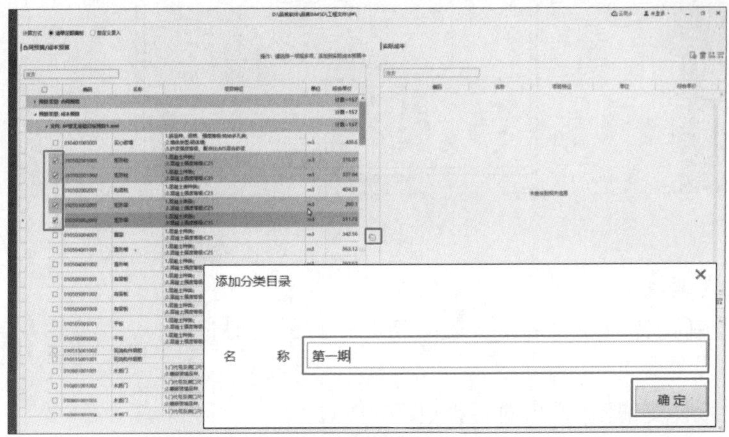

图 3-16

e.点击实际成本栏中“第一期”目录下对应的构件，下方出现该构件的人工、材料、机械的详细消耗和单价，可根据实际工程消耗进行价和量的修改(图 3-17)。

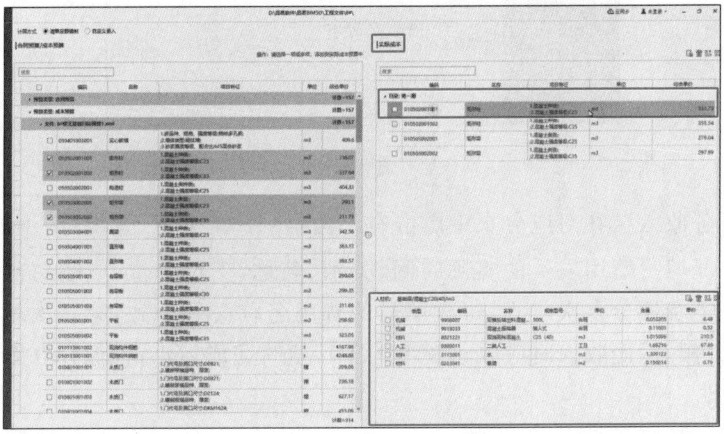

图 3-17

②自定义录入。

a.选择“自定义录入”然后根据现场实际发生的费用类型选择“人工、材料、机械、专业分包”分页。

b.在对应分页中点击右上角 新增 按钮，弹出新增材料对话框，对话框中数据根据实际情况填写(这里的单价需要填写项目部与劳务单位或者班组直接签订的合同单价，工程量的填写依据合同计算的工程量)，填写完成后点击“保存”(图 3-18)。人工、机械、专业分包数据的填写与之类似。

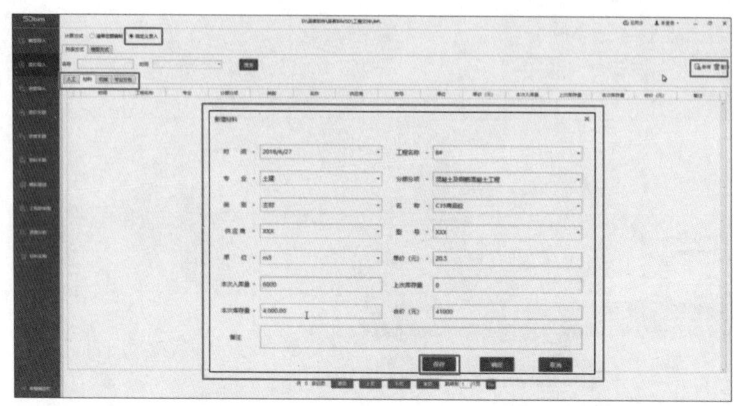

图 3-18

(4)财务收支编制。

财务收支编制是针对项目的财务收支情况进行的实时记录。

①财务收入。

a.点击“财务收支编制”弹出对话框(图 3-19)。

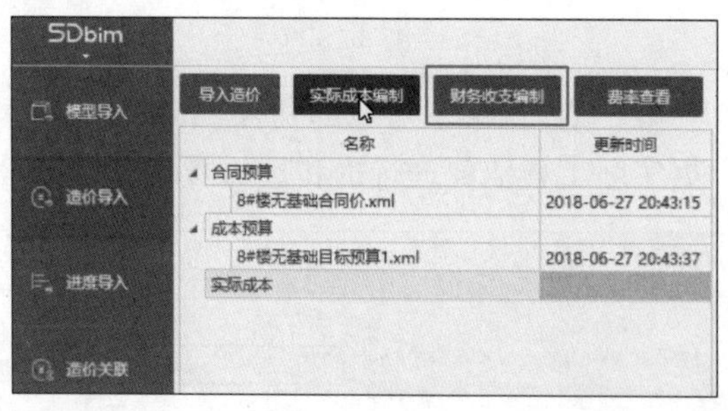

图 3-19

b.选择“财务收入”，在对应分页中点击右上角 新增 按钮，弹出“新增财务收入”对话框，根据实际情况填写费用发生的实际时间、类别、名称、支付单位、应收总额与本次收入金额等(若是同一笔费用分多次收入，每次填写的费用名称必须一致，第一次填写应收总额时填入应收的总金额，后面收入时应收总额填入零)，填写完成后点击“保存”(图 3-20)。

②财务支出。

操作步骤参照“财务收入”的步骤。

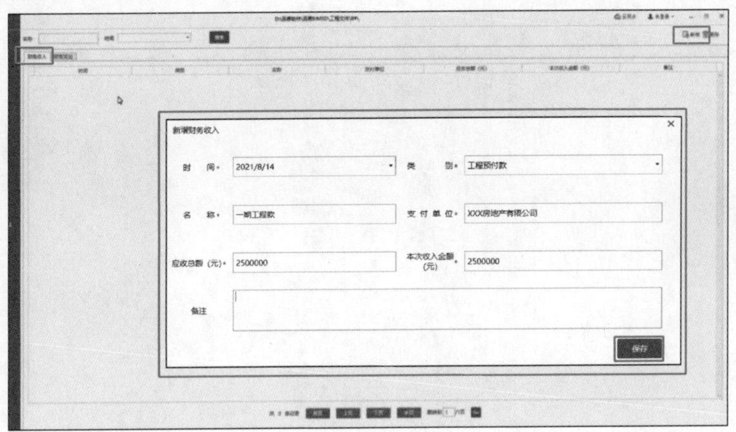

图 3-20

3.3.4 小节习题

①造价导入可以导入的内容有哪些？有什么区别？

②BIM5D 施工管理软件不止一种，本软件学习中造价导入文件的格式是什么？

③在 BIM5D 造价导入中，预算文件分为哪些？

④实际成本编制包括哪两种操作？每种操作有何特点？

⑤财务收支编制功能有何用途？

笔 记 页	
提示(Cues)	笔记(Notes)
总结(Summary)	

3.4 进度导入

3.4.1 任务背景

品茗 BIM5D 平台支持由微软 Project 软件导出的“. mpp”格式文件,进度计划的导入,为后续的数据关联和模拟建造提供重要时间模型,对项目的全过程进行进度控制。在质量、费用目标相互协调的基础上实现工期目标,保证项目在预定工期内完成。

3.4.2 任务目标

①导入进度计划,并按流程要求进行设置。

②根据导入模型按楼层为节点设置里程碑。

③掌握偏差分析报告功能在项目过程中的应用,并生成偏差分析报告。

3.4.3 任务实施

(1)导入进度。

①点击“导入进度”,选中需要导入的进度计划文件,点击“打开”,弹出时间设置对话框(图 3-21)。

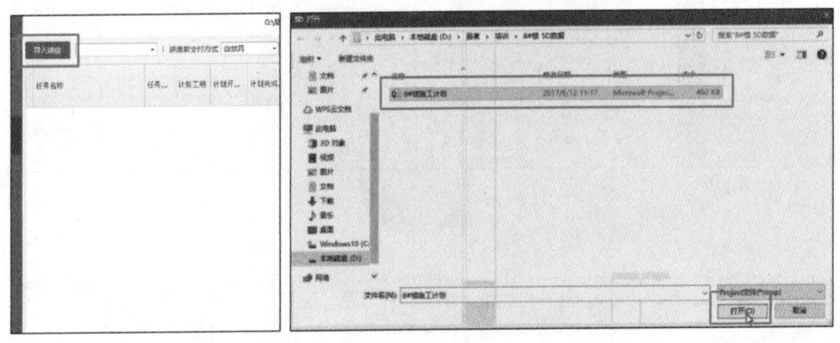

图 3-21

②开工时间和完成时间按照导入进度计划中的计划开始时间和计划完成时间进行设置,并点击“确定”完成设置(图 3-22)。

③点击下拉菜单设置“进度款支付方式”,常选“自然月”。

④点击下拉菜单“进度款支付日期设置”,根据项目实际情况进行选择(图 3-23)。

(2)设置里程碑。

里程碑设置会影响后续的模拟建造。

①点击“里程碑设置”,出现里程碑设置对话框。

②点击右上角 添加 按钮,在新的里程碑中按照工程实际情况设置里程碑参数(项目可根据需要设置多个里程碑),完成后点击“确定”完成设置(图 3-24)。

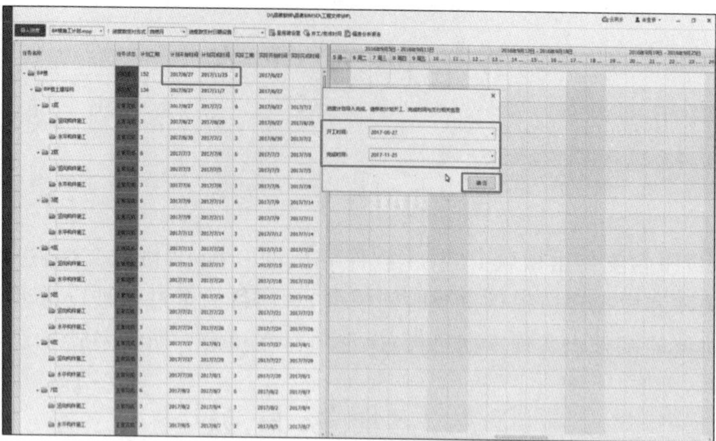

图 3-22

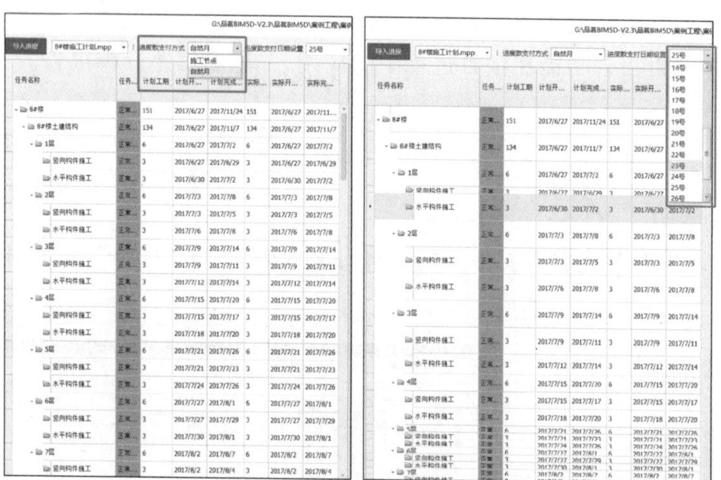

图 3-23

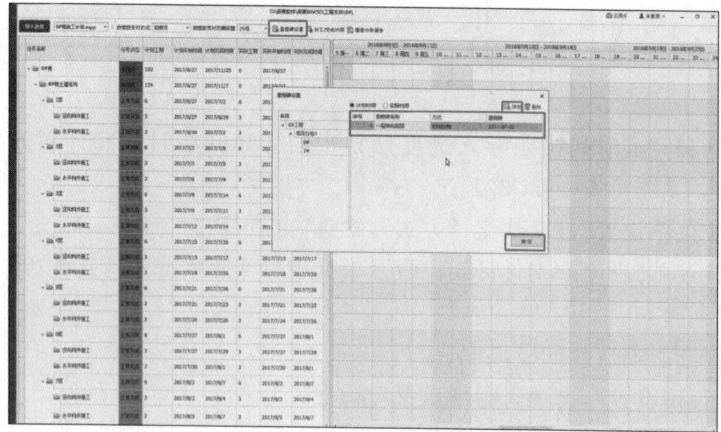

图 3-24

(3)偏差分析报告。

①点击鼠标“右键”选择“编辑”，弹出工期编辑对话框。

②根据现场实际施工情况填写“实际开始时间”和“实际完成时间”，图中此时实际完成时间比计划完成时间落后一天，当实际进度出现延迟时，可以在编辑框中填写出现偏差的原因，填写完毕后点击“确定”完成设置(图 3-25)。

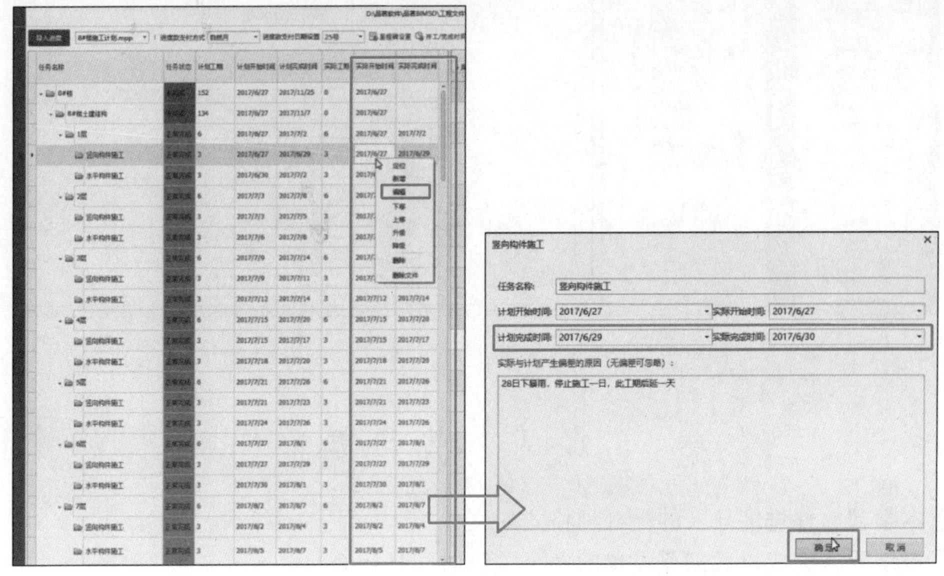

图 3-25

③此时对比原进度计划“任务状态”变为延迟完成(图 3-26)。

图 3-26

④完成上述步骤后点击“偏差分析报告”生成报告(图 3-27)。

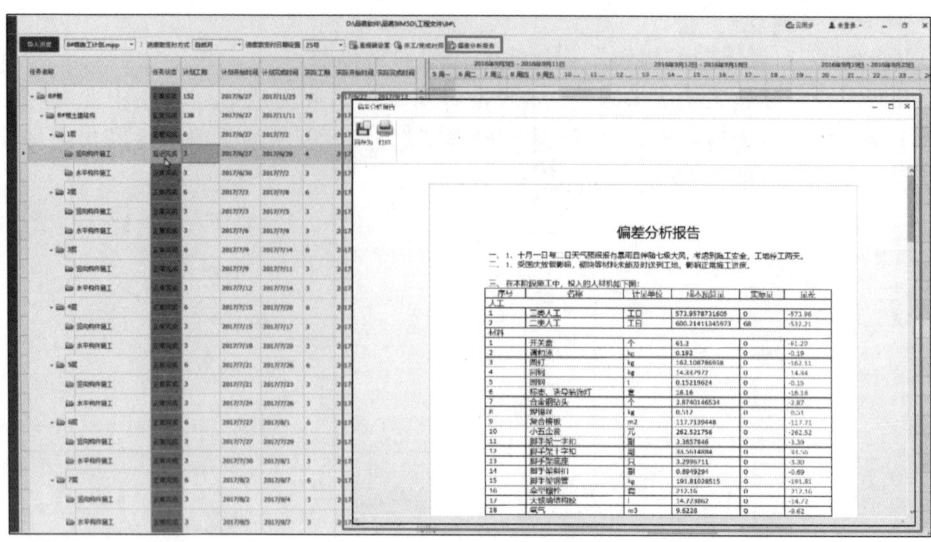

图 3-27

3.4.4 小节习题

①本学习软件进度导入的是哪种格式的文件？

②进度导入完成以后需要设置的两个关键时间是什么？

③里程碑设置有什么作用？通常什么时候需要设置里程碑？

④实际工期如何设置？工期偏差原因填写完成后在哪里可以统计查看？

笔　记　页	
提示(Cues)	笔记(Notes)
总结(Summary)	

笔 记 页	
提示(Cues)	笔记(Notes)
总结(Summary)	

3.5　数据关联

3.5.1　任务背景

品茗 BIM5D 平台的数据关联主要分为造价关联、进度关联和资料关联三个模块。数据关联将施工过程中的建筑模型、进度、成本及相关资料等信息进行关联，使管理人员随时调用所需要的数据信息，为项目的进度管理、成本控制、质量安全等提供数据保障，有助于项目的管理人员对施工方案进行变更，做出有效的决策。

3.5.2　任务目标

①完成项目模型单体工程量数与造价数据的关联。

②完成项目模型单体工程量数与进度数据的关联。

③按照要求将变更资料、安全隐患或图纸等按单体分别生成变更记录，并与对应的单体模型进行关联。

3.5.3　造价关联

造价关联是将项目中的单体工程量数据与造价数据进行关联，从而得出造价。

①由于导入的造价文件是清单格式，要先对算量模式进行筛选，点击**算量模式**中的小图钉，勾选“清单”。

②点击自动关联图标，弹出自动关联设置(图 3-28)。

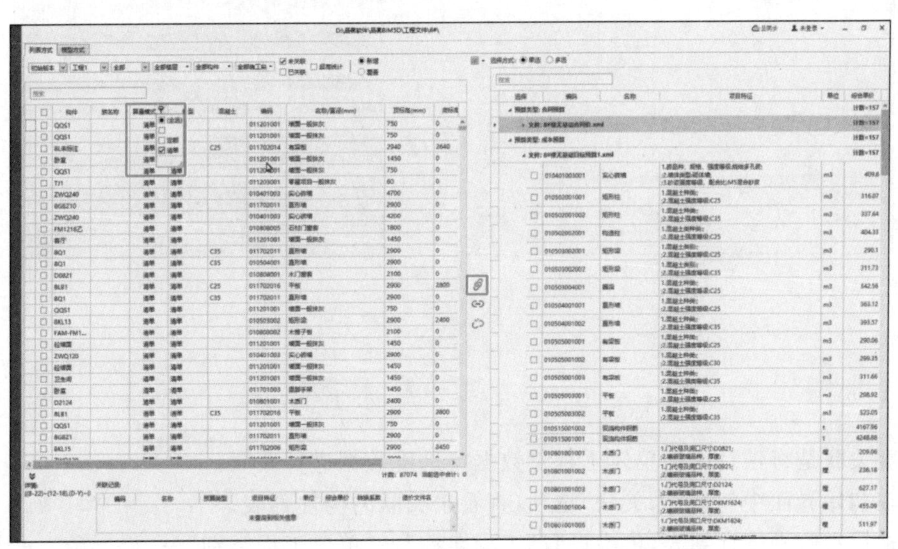

图 3-28

③根据实际选择“类型”(非国标清单指的是定额)与“关联规则”(勾选的项越多,关联越准确)进行选择,然后点击“确定”,弹出“自动关联预览”对话框,查看关联结果,点击“确定”完成自动关联,并返回初始界面(图 3-29)。

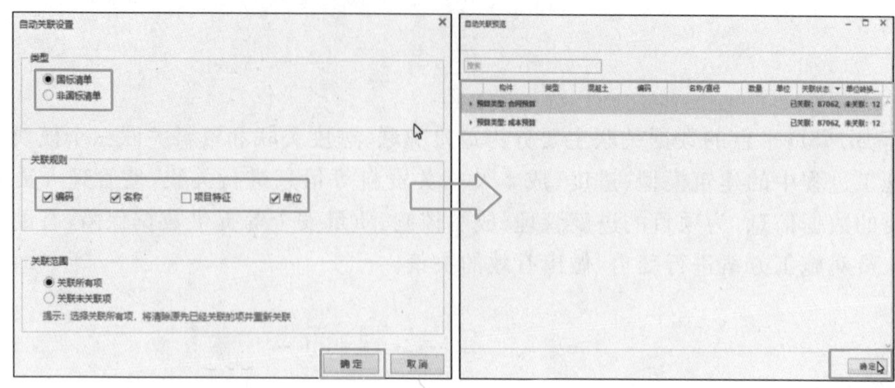

图 3-29

④勾选“未关联”选项,查看未能自动关联的构件。

⑤打开右侧导入清单,找到左侧未能关联构件的对应清单项目,并勾选左、右两侧项目,点击手动关联图标 完成关联(图 3-30)。

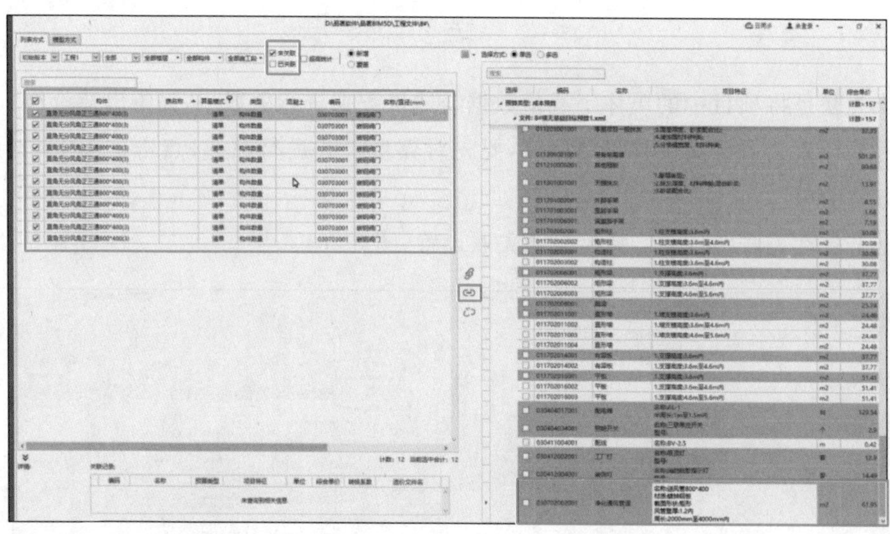

图 3-30

3.5.4 进度关联

进度关联是将项目中的单体工程量数据与进度数据进行关联。

①在初始界面中勾选“未关联”选项,查看未关联的构件列表。

②根据右侧进度计划表,依次设置“工程名称”→“单位工程类别”→“楼层数”→“构件类型”→“施工段”等筛选条件,筛选出左侧符合条件的未关联项(图 3-31)。

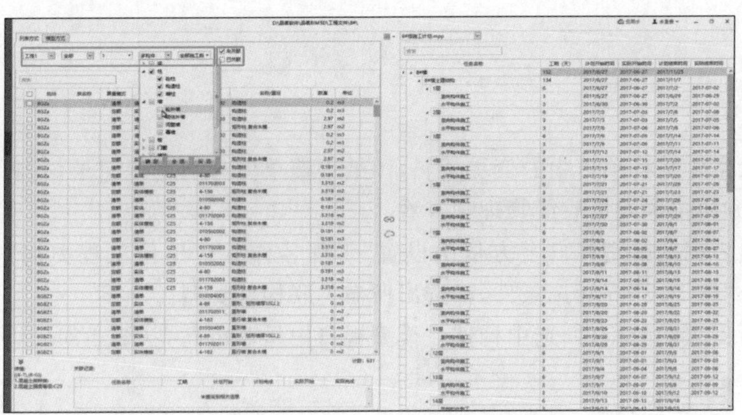

图 3-31

③左侧勾选筛选所需关联构件，右侧点击需要关联的进度计划，点击建立关联图标 完成关联(图 3-32)。

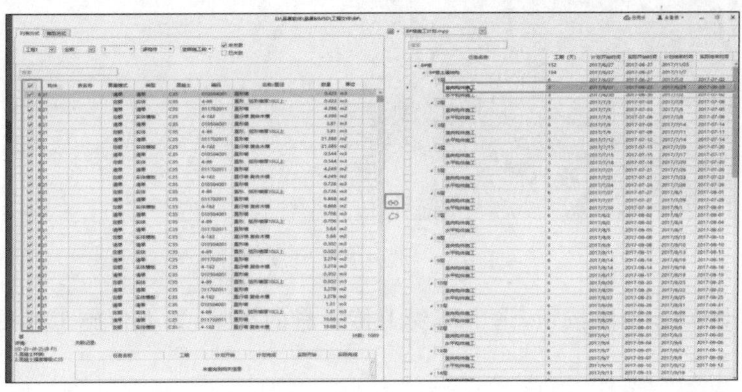

图 3-32

④完成关联后，左侧关联构件信息消失，右侧已完成关联的进度计划底色发生变化。

⑤其他单体的关联，重复上述步骤(图 3-33)。

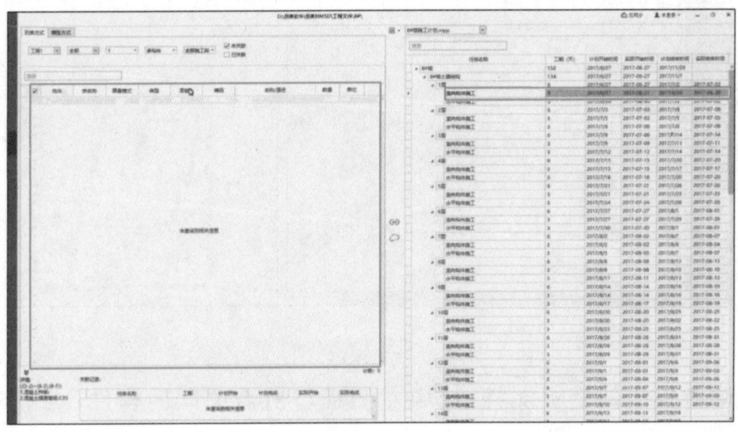

图 3-33

3.5.5 资料关联

(1)任务实施。

资料关联主要是将项目中的变更资料、图纸等按单体分别进行记录，并和相应的单体模型进行关联，方便技术人员后续管理和查看。

①在初始界面的模型视口上方依次设置"工程名称"→"单位工程类别"→"楼层数"→"构件类型"→"施工段"等筛选条件，筛选出所需关联构件类型。

②点选所需关联的构件，选中构件在模型视口中呈蓝色高亮(图 3-34)。

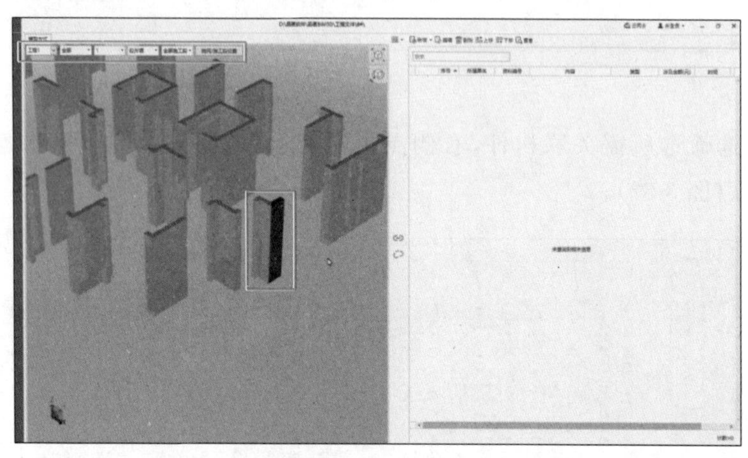

图 3-34

③点击右上角新增按钮，选中需要上传资料的类型，如上传施工变更，弹出变更对话框。

④填写施工变更后点击"确定"，完成变更文件录入，并返回初始界面(图 3-35)。

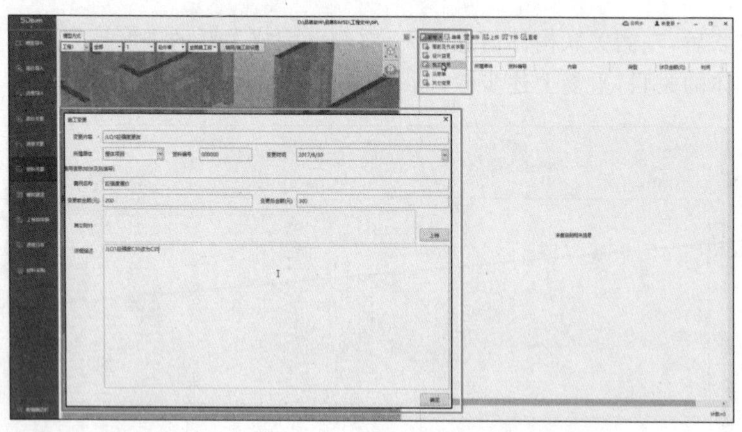

图 3-35

⑤勾选右侧新生成的变更文件，选中左侧视口所需关联的构件，点击建立关联图标，弹出关联构件选择对话框(图 3-36)。

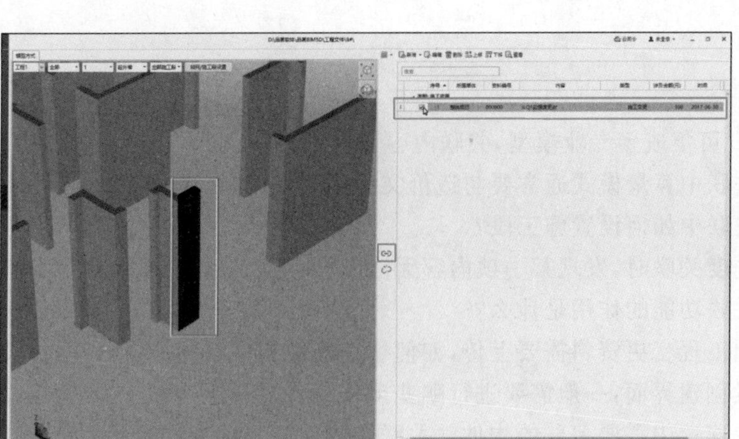

图 3-36

⑥勾选需要关联的构件，点击“确定”，在新出现的窗口中点击“确定”，完成构件与变更文件之间的关联(图 3-37)。

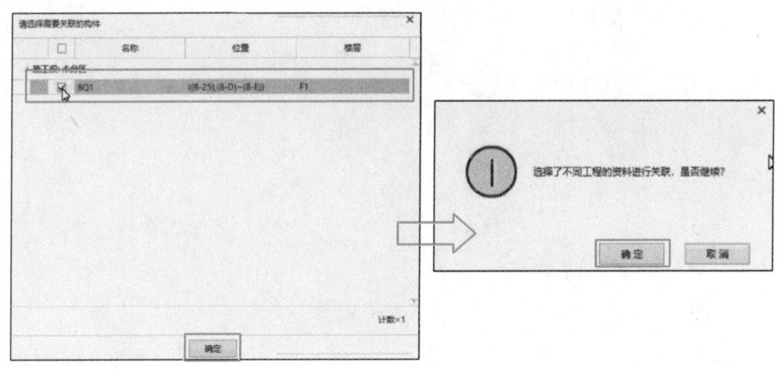

图 3-37

⑦完成关联后模型视口出现变更标记，双击标记可查看变更详情(图 3-38)。

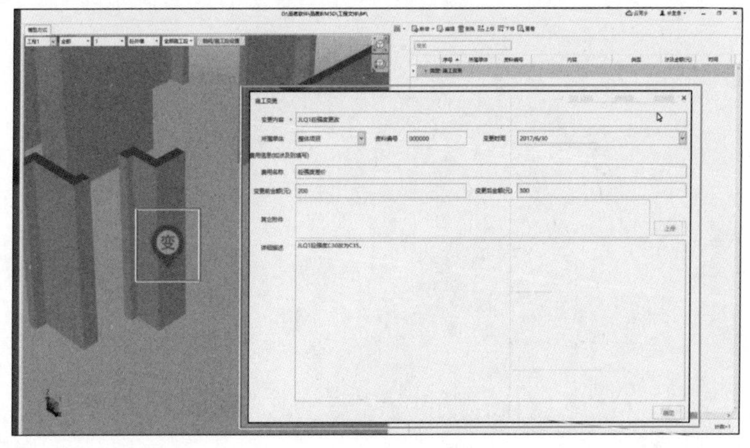

图 3-38

3.5.5 小节习题

①BIM5D 可集成多专业模型,关联内容包括哪些?

②造价关联中算量模式通常要与造价文件模式匹配,常用的模式是什么?

③进度关联中如何设置施工段?

④当在进度关联时,发现某一项内容无法工作,可能出现的原因是什么?

⑤资料关联功能的作用是什么?

⑥如遇到工程变更资料需要上传,如何快速选中相关联的变更构建?

⑦流水段创建界面,一般需要进行哪些操作步骤?

⑧如何快速选中需要关联的构件?关联完成后被选中构件有什么变化?

笔　记　页	
提示(Cues)	笔记(Notes)
总结(Summary)	

笔　记　页	
提示(Cues)	笔记(Notes)
总结(Summary)	

3.6　模拟建造

3.6.1　任务背景

模拟建造是将 BIM 模型与进度和造价导入关联后，将空间、时间和费用整合在一个可视的 5D 模型中，通过动态演示建造的全过程，模拟重点、难点施工方案，提前预知项目施工安排是否均衡，总体计划、场地布置是否合理，工序是否正确，并可以进行及时优化，是展示模型、造价、进度变化过程的功能。

同时还可以结合进度分析模块，对项目现场的资金、资源进行管控，项目经理需要了解项目各关键时间节点的项目资金计划，需要分析工程进度资金投入计划，根据计划合理调整资源，对于促进增产节支、加强经济核算、改进企业管理、提高企业整体管理水平具有重大意义。

3.6.2　任务目标

①在完成导入和关联的模型、进度、造价基础上进行模拟建造。

②使用“计划—实际对比模拟建造”功能对比分析项目进度偏差。

③使用“进度分析”功能，了解进度、工期、资金三者之间的关系，并找到资金计划峰值时间点。

3.6.3　任务实施

(1)模拟建造。

模拟建造时，在重要的节点会自动暂停(需要在前期设置里程碑)，这样就可以更清楚地查看模型、资金、进度的情况。

①模拟建造窗口一共分为 5 个区域(图 3-39)。

a. 模型视口：动态显示建筑模型的建造情况。

b. 成本窗口：动态显示合同价、结算价、实际成本、目标成本的使用情况和它们之间的对比变化曲线。

c. 任务窗口：动态显示进度计划。

d. 演示控制区域：包括开始、暂停、加速、减速、录屏等功能。

e. 功能选择区域：按进度计划模拟建造、按实际进度计划模拟建造、计划—实际对比模拟建造，施工管理人员可根据需求选择展示。

②计划—实际对比模拟建造。

此模式下上方出现对比视口，如工程出现计划与实际进度不符的情况，模型会黄色高亮显示进度出现偏差部位，方便管理人员进行实时监控(图 3-40)。

(2)进度分析。

进度分析体现的是前期资金或者目标成本的一个整体管控。“进度分析”功能模块反映

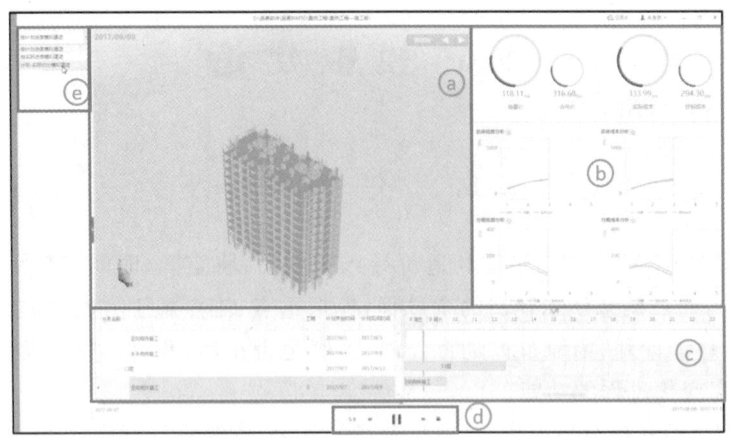

图 3-39

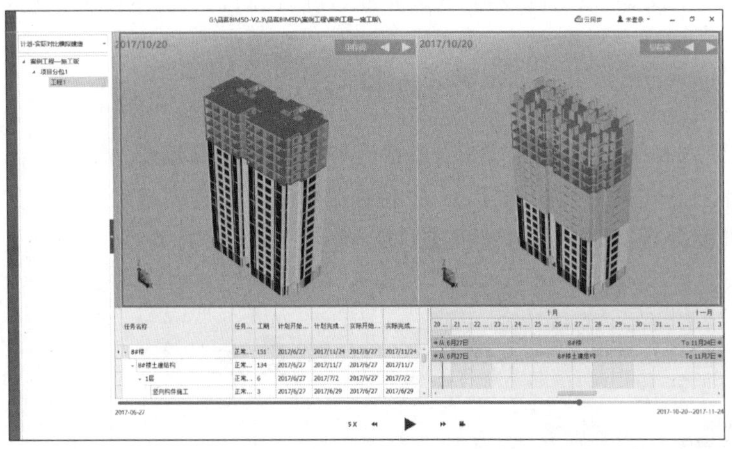

图 3-40

整个项目或者说某个工程需要投入的资金量。品茗 BIM5D 平台细化到了每一个时间点的资金投入量,这样可以避免造价冒进情况,从而避免不必要的资金浪费(图 3-41)。

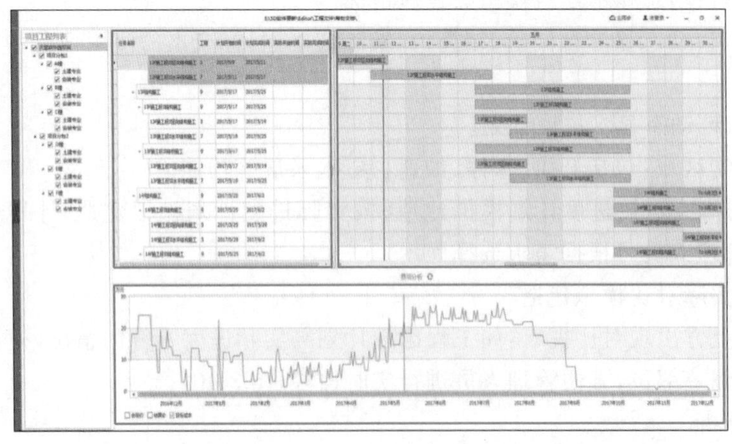

图 3-41

3.6.4 小节习题

①模拟建造功能的作用是什么？
②模拟建造界面中能显示哪些信息变化过程？
③模拟建造中包含了哪些时间类型建造形式？
④本软件中模拟建造窗口划分了几个区域？分别表达了哪些内容？
⑤模拟建造动画录制功能是在界面的哪个区域？
⑥如工程出现计划与实际进度不符的情况，模型会出现什么变化？
⑦简述进度分析的功能与作用。
⑧模拟建造中，编辑进度计划可以编辑哪些内容？

笔　记　页	
提示(Cues)	笔记(Notes)
总结(Summary)	

3.7　进度报量

3.7.1　任务背景

在实际项目施工过程中，根据项目合同中的进度款支付方式，需要根据工程进度对甲方上报进度工程量，对每月的工程量及资金进行提报。品茗 BIM5D 平台通过模型计算，可以得出已完成进度对应的报量预算，同时可以结合“材料采购”模块，将标准化的采购模板导入 5D 平台对购入材料进行管理，结合每月申报的工程量进行材料盘点核查，协助进度上报工作的开展。

3.7.2　任务目标

①按照完成单月的工程款申报。

②在“材料采购”模块中下载 Excel 模板，填写采购清单并导入 BIM5D 平台。

3.7.3　任务实施

(1)工程款申报。

工程款申报是在项目进行的每个阶段依据实际工程的进度情况来进行每个分期的工程款申报。

①在初始界面选择左上角“本期可申报”。

②点击右上角“申报时间”下拉菜单，设定申报时间段。

③勾选左侧需申报工程款的清单项，点击追加图标，完成申报工程量添加(图3-42)。

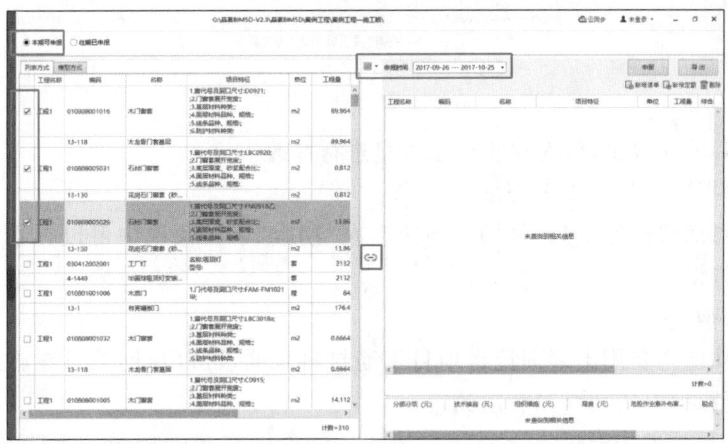

图 3-42

④根据实际的完成量，可对申报的工程量进行修改。

⑤点击“申报”按钮,完成工程量申报(图 3-43)。

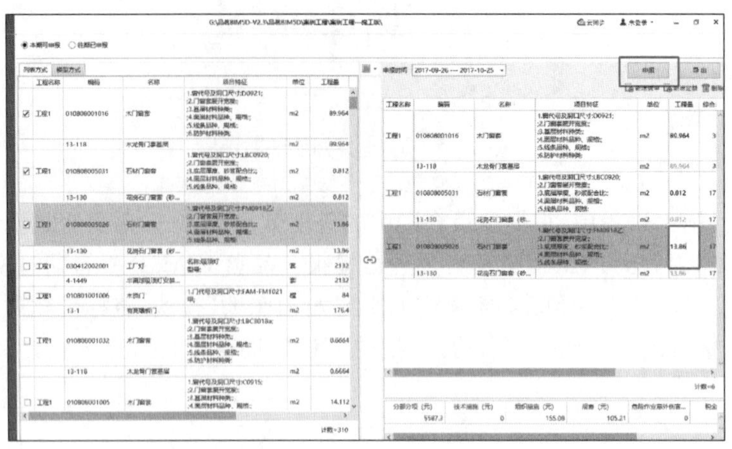

图 3-43

⑥在初始界面选择左上角“往期已申报”,在“期数”下拉菜单中可以查看所有已申报的工程量清单和价格(图 3-44)。

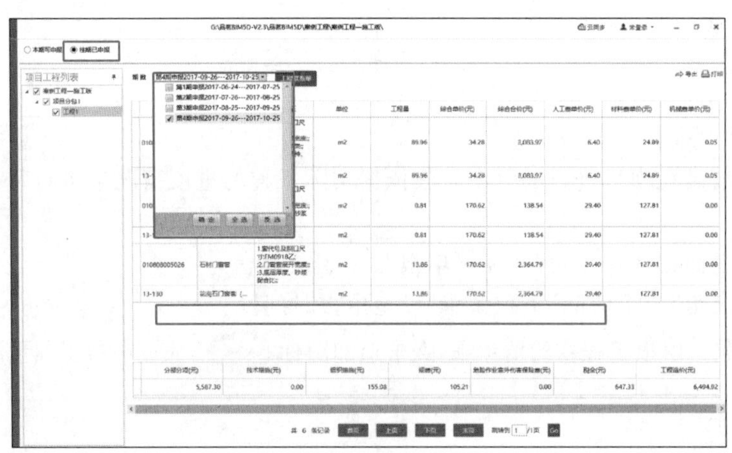

图 3-44

⑦根据实际的完成量,可对申报的工程量进行修改。

⑧点击“申报”按钮,完成工程量申报(图 3-45)。

⑨在初始界面选择左上角“往期已申报”,在“期数”下拉菜单中可以查看所有已申报的工程量清单和价格。

(2)材料采购。

材料采购功能主要用于管理记录项目钢筋材料采购,可以帮助项目在施工过程中做到资源有节制、资源少浪费和资源有追溯。

可在 BIM5D 软件中通过右上角新增按钮在软件中直接管理录入采购材料,也可下载 Excel 模板进行线下管理,最后统一导入 BIM5D 管理软件中进行管理(图 3-46)。

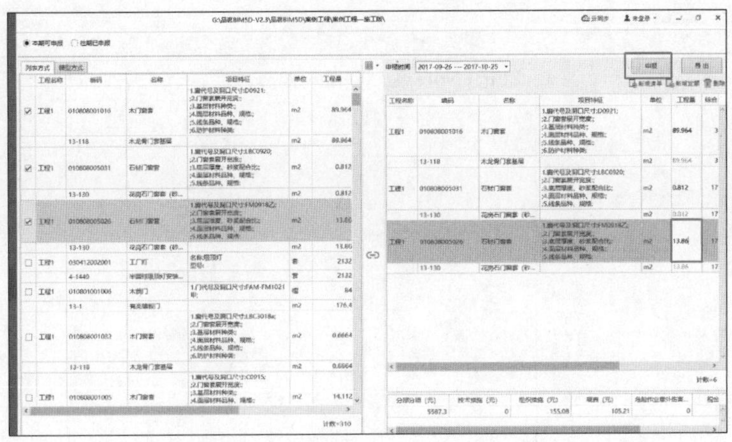

图 3-45

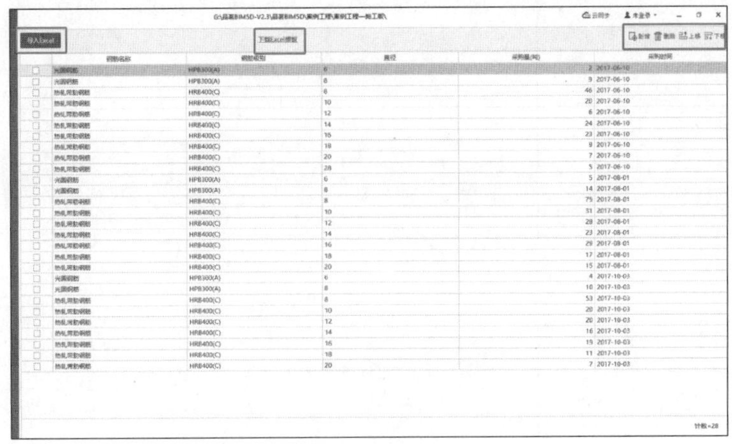

图 3-46

3.7.4 小节习题

①第一次申报工程款和后期申报，操作界面有什么变化？

②对于已经申报的工程量在哪个选项查看？

③实际工程量发生变化，在哪个选项中修改？

④如果修改工程量超过合同量，数据会出现什么变化？

⑤简述材料采购的功能与作用。

⑥材料采购管理可导入内容的方法有哪些？

⑦哪个模块可以导出砌体材料需用计划表？

⑧物资查询界面，导出物资量导出的文件是什么？

⑨要进行“材料采购计划表—预算量”查询，必须在软件中导入哪些内容才能查看？

笔　记　页	
提示(Cues)	笔记(Notes)
总结(Summary)	

3.8 综合练习

综合练习 1

现有 6 层住宅楼项目，现根据给定的文件资料包(包括住宅楼土建模型、住宅楼机电模型、现场签证单、1～3 层进度计划表、质量问题图片、安全问题图片等)，完成以下内容。

(1)应用 BIM 软件，将给定的“3.1 现场签证单”与住宅楼土建 BIM 模型相关联。

(2)将给定的“3.2 1～3 层进度计划表”载入 BIM 软件中，并与土建 BIM 模型相关联，统计办公楼土建 BIM 模型一层混凝土实物工程量或清单工程量，导出一层混凝土实物工程量或清单工程量，并命名为“3.2 一层混凝土工程量汇总表”。

(3)将给定的“3.3 质量问题图片”和“3.3 安全问题图片”载入 BIM 软件，并分别与土建 BIM 模型相关联，类型分别设置为“墙体裂缝”及“防护安全”，相关人为“安全员”，整改限期为 2020 年 2 月 15 日，导出质量、安全问题报告，并分别命名为“3.3.1 质量问题”和“3.3.2 安全问题”。

综合练习 2

根据题干中办公楼项目及给定资料包进行数据分析，数据资料包括办公楼 BIM 模型(结构、电气、通风专业)、设计变更通知单、变更工程量对比表格、−1 层及 1 层施工计划、危险源防护方案表格，完成以下任务。

(1)根据给定的设计变更通知单内容，修改资料包中的模型，在给定的“变更工程量对比表格”中填写变更前后工程量，并命名为“3.1 变更工程量对比表格”(仅填写发生变更的相关构件工程量)。

(2)将给定的“−1 层及 1 层施工计划”载入 BIM 软件中，与资料包中的模型进行关联，结合软件功能导出 2019 年 3 月 1 日至 4 月 27 日的施工动画，命名为“3.2 施工模拟建造动画”(流水段 1 区为 1～5 轴，2 区为 5～9 轴)。

(3)分析模型，找出一层防护安全风险源中的任意两处，使用 BIM 软件在模型中创建巡检点，在给定的“危险源防护方案”表格中填写对应位置处的临边防护措施，并命名为“3.3 危险源防护方案”；另导出巡检点二维码，以“3.3.1 一层巡检点”和“3.3.2 一层巡检点”命名。

综合练习 3

根据给定的文件资料包(包括综合楼结构 BIM 模型、问题报告样板、结构进度计划表)，完成以下操作。

(1)将 BIM 模型导入轻量化 BIM 施工管理平台软件，然后将文件保存命名为“3.1 综合楼模型"。

(2)对整体模型进行检查,把−11.75米标高层1/D轴承台基础CT-1作为问题发现点,参考资料包"问题报告模板"格式填写问题报告,问题记录人填写本人姓名,保存并命名为"3.2结构图纸问题报告"。

(3)将"3.2结构图纸问题报告"与结构BIM模型对应位置关联,并添加问题记录人名字为本人姓名。

(4)载入结构进度计划,将项目进度与结构BIM模型相关联,进行动画模拟,导出自2018年1月15日至2018年4月3日止的施工动画,保存并命名为"3.4施工模拟动画"。

综合练习4

根据题干中住宅楼项目及给定资料包进行数据分析。数据资料包括住宅楼BIM结构模型、施工进度计划、工程预算书(模型中柱构件均为剪力墙结构中端柱构件)。具体完成以下任务。

(1)将给定的"施工进度计划"载入BIM软件中,与资料包中模型进行关联。

(2)将给定的"工程预算书"以合同预算载入BIM软件中,与资料包中模型进行关联。

(3)结合软件功能导出2020年6月15日至7月4日的清单工程量汇总表,命名为"3.3阶段性工程量汇总表"。

(4)结合软件功能编制并导出7月进度款报表,命名为"3.4进度款报表"。

(5)实际施工过程中,2020年6月29日至7月1日出现罕见天气,造成停工,6楼砼墙实际从7月2日至7月7日进行施工;为保证后续施工任务不延误,7楼砼墙、梁、楼板施工任务实际工期均缩短1天完成,结合软件功能填报实际施工进度时间,并保存按周统计的计划与实际资金对比曲线图,命名为"3.5计划与实际资金对比曲线图"。

(6)将模型以"住宅楼项目管理文件"命名保存。

综合练习5

现有数据中心项目,请根据给定的文件资料包(包括数据中心结构模型、施工进度计划表、数据中心预算书),完成以下任务。

(1)将给定的"施工进度计划表"载入BIM软件中,按示意图对数据中心结构模型进行流水段的划分,将基础层至5楼的进度计划与模型进行关联。

(2)将给定的"数据中心预算书"以合同预算载入BIM软件中,与数据中心结构模型进行关联。

(3)结合软件功能导出2022年1月1日至1月31日的清单工程量汇总表,命名为"3.3阶段性工程量汇总表"。

(4)考虑到2022年1月31日至2月6日为春节法定节假日,无法施工,且后续工作无法推迟,必须在2022年3月3日之前完工。现将进度调整如表3-1所示。

表 3-1　进度调整

序号	工作内容	工期缩短	调整开始时间
1	3 楼二段梁板施工	2 天	2022 年 2 月 7 日
2	4 楼一段柱施工	2 天	自行核算
3	4 楼二段柱施工	2 天	自行核算
4	4 楼一段梁板施工	2 天	自行核算
5	4 楼二段梁板施工	2 天	自行核算
6	5 楼柱施工	2 天	自行核算
7	5 楼梁板施工	3 天	自行核算

结合软件功能在实际施工进度中填写修改后的进度，保存按月统计的计划与实际资金对比曲线图，命名为“3.4 计划与实际资金对比曲线图”。

(5)结合软件功能编制并导出 2 月进度款报表，命名为“3.5 进度款报表”。

(6)将模型以“3.6 数据中心项目管理文件”命名保存。

综合练习资料包

笔　记　页	
提示(Cues)	笔记(Notes)
总结(Summary)	

参考文献

[1] 张辉. Revit 建筑施工与虚拟建造[M]. 北京:机械工业出版社,2021.

[2] 住房和城乡建设部. 施工现场模块化设施技术标准:JGJ/T 435—2018[M]. 北京:中国建筑工业出版社,2018.

[3] 吴琳,王光炎. BIM 建模及应用基础[M]. 北京:北京理工大学出版社,2017.

[4] 叶雯. 建筑信息模型[M]. 北京:高等教育出版社,2016.

[5] 李忠富. 建设工程施工管理[M]. 北京:机械工业出版社,2018.

[6] 朱溢镕,李宁,陈家志. BIM5D 协同项目管理[M]. 北京:化学工业出版社,2022.

[7] 楚仲国,王全杰,王广斌. BIM5D 施工管理实训[M]. 重庆:重庆大学出版社,2017.

[8] 王慧萍,杨涛,王玉华. BIM5D 项目管理应用[M]. 北京:清华大学出版社,2022.

[9] 住房和城乡建设部. 建设工程工程量清单计价规范:GB 50500—2013[S]. 北京:中国计划出版社,2013.

[10] 住房和城乡建设部. 房屋建筑与装饰工程工程量计算规范:GB 50854—2013[S]. 北京:中国计划出版社,2013.

[11] 住房和城乡建设部. 通用安装工程工程量计算规范:GB 50856—2013[S]. 北京:中国计划出版社,2013.

[12] 中国建筑标准设计研究院. 国家建筑标准设计图集:22G101-1[S]. 北京:中国标准出版社,2022.

[13] 马远航,陈志伟. BIM 造价大数据:GTJ2018+BIM5D 建模与交互实战[M]. 北京:人民邮电出版社,2020.

[14] 李思康,李宁,冯亚娟. BIM 施工组织设计[M]. 北京:化学工业出版社,2018.

[15] 胡斯曼. BIM 全过程项目综合应用[M]. 广西:广西师范大学出版社,2020.

[16] 王建茹,阎玮斌. 施工组织设计与进度管理[M]. 北京:机械工业出版社,2021.

[17] 王仲英,马维民. BIM 造价软件应用[M]. 北京:高等教育出版社,2020.

[18] 朱溢镕,吕春兰,温艳芳. 安装工程 BIM 造价应用[M]. 北京:化学工业出版社,2019.

[19] BIM 技术人才培养项目辅导教材编委会. BIM 造价专业操作实务[M]. 北京:中国建筑工业出版社,2018.

[20] 黄臣臣,陆军. BIM 算量软件应用[M]. 北京:中国建筑工业出版社,2022.